필드가이드

나비

Butterflies

김성수 · 허필욱

FIELD GUIDE

김성수 1957년 서울에서 태어났고 경희대학교 생물학과를 졸업하였다. 경희여자고등학교에서 생물교사로 23년을 지내고 현재 한국나비학회 부회장과 한국곤충학회 이사를 역임하고 있다. 곤충 중에서 특히 나비와 나방을 연구하여 국내외 학술지에 낸 논문 80여편이 있으며, '한국의 나비' '한국의 자나방' '제주의 나비' '석주명' 등 20여 편의 저술을 낸 국내 최고의 필드가이드이다.

허필욱 1956년 강원도 홍천에서 태어났다. 풀섶에서 꿈틀대는 곤충을 발견하곤 그 모습이 신기하여 20여년간 사진을 찍었다. 2006년부터 강원곤충생태연구소를 열고 곤충의 생활사를 기록하고 있다. 저서로는 사진집 '풀섶의 작은친구들(1994)', 곤충도감 '한국 곤충의 세계(2005)'가 있고 2007년 강원도 환경대상을 수상했다.

필드가이드 나비

초판 1쇄 인쇄 2009년 7월 20일
초판 1쇄 발행 2009년 7월 27일

펴낸곳 필드가이드
펴낸이 이종렬
지은이 김성수, 허필욱
주 소 서울시 용산구 한강로 1가 50-1 용산파크자이 D-1825층
전 화 02.6375.2665 | 팩 스 02.6375.2664
출판등록 2006년 5월 29일 제302-2006-00032호
디자인 김경화

 ISBN 978-89-93204-00-1 06490
정가 12,500원

차례

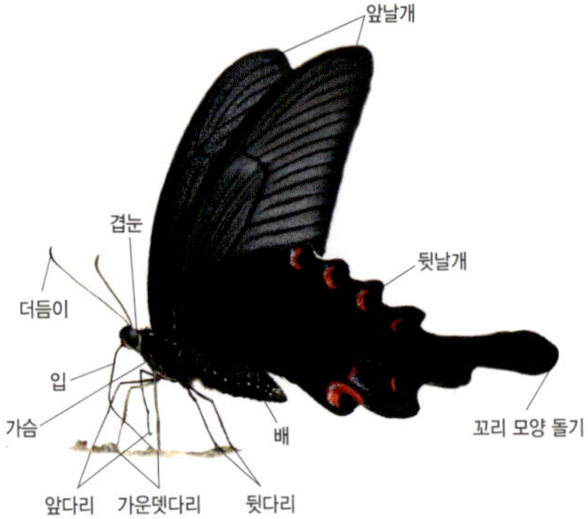

〈나비의 각 부위〉

나비란 어떤 생물일까?

나비는 예로부터 친근한 곤충으로 만지면 비늘가루가 묻는 특별한 존재이다. 때로 우리에게 아름다운 정서로 다가오기도 하지만 때로 가까이 대하기가 쉽지 않은 대상이기도 하다. 그래도 계절에 맞춰 주변에서 날아다니며 힘든 생활에 찌든 현대인에게 자연을 향하는 마음을 열게 해주는 귀한 존재임에 틀림없다.

이처럼 자연을 일깨워주는 나비는 어떤 생물일까?
마디동물의 하나로, 크게 머리 · 가슴 · 배 세 마디로 나뉘어 있다. 몸은 부드러워 보여도 겉에는 키틴질로 된 딱딱한 물질이 덮여 있어서 뼈대 없이도 몸 전체를 강하게 지탱할 수 있다.

머리에는 감각기관이 결합된 한 쌍의 긴 더듬이가 나오는데, 끝이 곤봉 모양처럼 부푼다. 하지만 팔랑나비과 Hesperiidae 나비들은 곤봉 부분 끝이 뾰족해지는 특징이 있다.

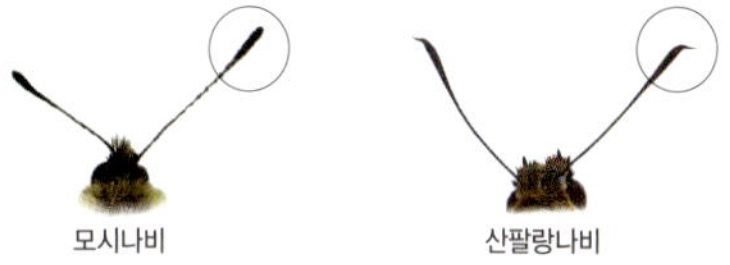

〈나비의 더듬이〉

수천 개의 낱눈으로 이루어진 한 쌍의 겹눈은 반구형으로 생겼다. 한 쌍의 아랫입술수염은 일종의 감각기관으로, 수많은 털과 비늘가루로 두껍게 쌓여 있다. 입은 평상시

코일처럼 감겨 있다가 먹이를 보면 직선으로 뻗어 속에 있는 빨대 모양의 관을 통해 빨아 먹는다.

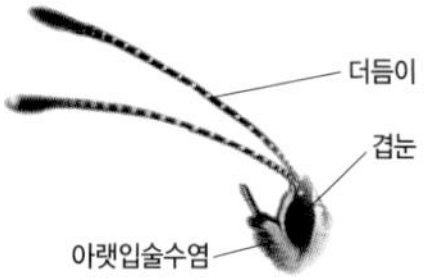

〈머리 부위〉

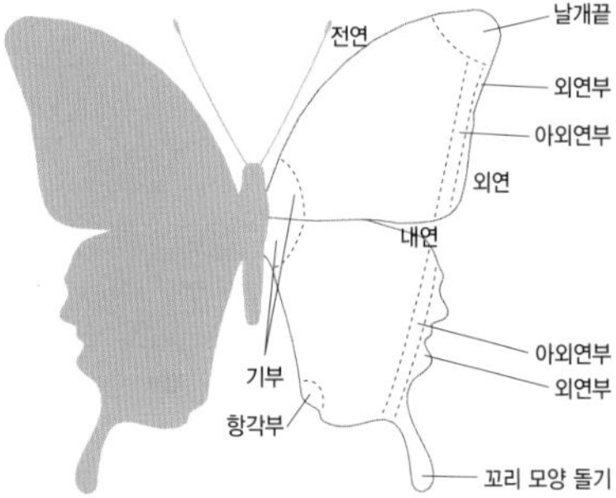

〈앞 · 뒷날개의 각 부위〉

세 마디로 이루어진 가슴은 각 마디마다 다리가 한 쌍씩 나오고, 가운데와 뒷가슴에 날개가 한 쌍씩 달린다. 날개는 가슴과 근육으로 이어져 이 근육의 운동으로 아름답게 비상할 수 있게 된다. 애벌레 시기에 이미 날개가 발생하기 시작하여 번데기가 되면 완성된다.

날개는 색과 무늬, 모양, 날개맥이라는 중요한 요소가 있으며, 매우 얇고 투명한 바탕에 나뭇잎 같은 독특한 비늘가루가 마치 기왓장을 포개놓은 것처럼 수천 개가 차곡차곡 쌓여 있다. 일부 수컷에서는 바늘 모양의 향기 나는 비늘가루(발향인)가 있어서 암컷을 유인한다.
날개 색은 색소색과 구조색이 있는데, 색소색은 화학물질로 되어 있어서 염색할 때 쓰이는 염료나 글을 쓸 때 사용하는 잉크처럼 생활에서 흔하게 볼 수 있는 물질들이 내는 색을 말한다.
즉, 흰나비과Pieridae를 예로 든다면 흰색, 노란색, 오렌지색이 색소색이다. 이와 달리 구조색은 기계적 방식으로 나타나는 것으로 빛의 회절 현상에 따른다. 즉, 오색나비의 날개가 빛의 방향에 따라 광택이 강한 보랏빛이 나는 것을 말하는데, 프리즘을 통해 빛이 산란하는 것과 같은 방식이다. 날개에 있는 맥은 종류에 따라 생김새가 달라 종을 분류할 때에 중요하다.

갈구리나비 - 색소색

황오색나비 - 구조색

〈날개색 비교〉

다리는 5마디로 되어 있으며, 밑마디, 도래마디, 넓적다리마디, 종아리마디, 발톱마디로 나뉜다. 호랑나비과 Papilionidae는 앞다리 종아리마디에 작고 움직일 수 있는 돌기 epiphysis를 갖는다. 또 뒷다리 종아리마디에는 며느리발톱이 팔랑나비과 Hesperiidae에서 2개, 나머지 과에서

1개가 있다. 뒷다리 종아리마디는 맛을 느끼는 곳으로, 이곳에 달콤한 꿀 같은 액체를 대면 감겨 있던 입이 뻗어 나온다.

배는 모두 11마디로 되어 있으나 이 중 몇 마디는 서로 붙어 겉에서 볼 수 없다. 배 끝은 생식기로 분화하여 짝짓기를 할 때 사용한다. 암수의 생식기는 '열쇠와 자물쇠'의 원리처럼 같은 종끼리만 결합할 수 있어서 이들의 생김새와 구조가 매우 중요하다. 이를 자세히 보려고 배를 잘라 끓이면 강하게 키틴화한 생식기관만 남게 되는데, 전문가들은 이것을 비교하여 종을 확인하게 된다. 배 양쪽에는 공기가 드나드는 기문(숨문)이 있다. 이곳으로 들어온 산소가 온몸으로 퍼져 나비는 호흡을 하면서 지구상에 적응하여 살아갈 수 있게 된다.

1. 이 책은 일반인이나 학생, 어린이들이 야외에 나가 쉽게 살아 있는 나비와 비교할 수 있도록 꾸몄는데, 야외에서 휴대하기 간편하도록 작게 만들었다.
2. 남한에서 볼 수 있는 나비 226종 중 224종을 실었는데, 미접인 중국은줄표범나비와 큰먹나비는 사진을 싣지 못해 아쉽다.
3. 최신의 학명을 달아 나비 분류학에 관심이 많은 분들에게 도움이 되게 하였다.
4. 사진 설명에서 수컷은 ♂, 암컷은 ♀, 날개 윗면인 경우 ◓, 아랫면인 경우에 ◒을 달았다.
(봄형 ✿, 여름형 ☼, 가을형 🍁)
5. 나비 이름은 학명과 한국명 외에 영명과 일명을 달아 외국 책을 참조하기 쉽게 하였다.
6. 종의 배열은 분류학적인 순서로 하려고 노력하였지만 지면 관계상 개중에 순서에 어긋난 종류가 있다.
7. 날개 편 길이는 표본에서 날개 양 끝을 이은 선의 길이를 말한다.

8. 사진 중에서 까마귀부전나비의 표본 사진은 손상규 님, 신선나비의 생태사진은 이영준 님, 남방남색공작나비의 생태사진은 주홍재 박사님, 흰줄점팔랑나비의 생태사진은 주재성 선생님, 일부 생태사진은 이종렬 님에게 빌린 것이다.

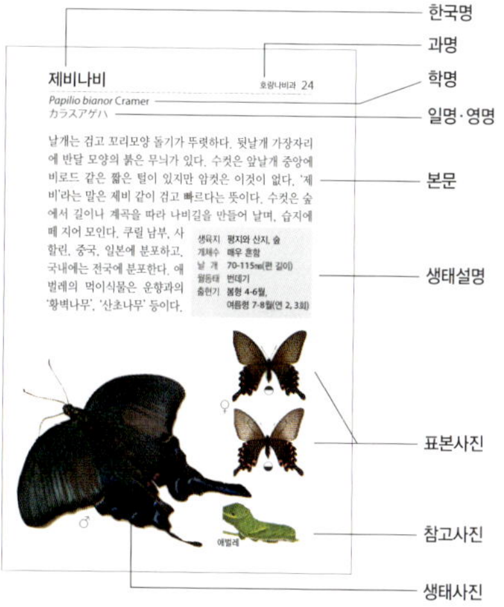

애호랑나비

Luehdorfia puziloi (Erschoff)
ヒメギフチョウ

봄을 대표하는 나비로 이른봄에 새잎이 돋기 전에 숲 바닥을 낮게 날아다닌다. 날개는 노란색과 검은색이 얼룩줄무늬처럼 어울려 날개 무늬가 호랑이 가죽 같은 분위기이다. 뒷날개에는 꼬리처럼 생긴 돌기가 있다. 이따금 진달래, 복숭아나무, 얼레지 꽃에서 꿀을 빨며, 늦봄에 높은 산지의 능선에서 볼 수 있다. 동북아시아에만 살며, 국내에는 제주도를 뺀 전국에 분포한다. 애벌레의 먹이식물은 쥐방울덩굴과의 '족도리'와 '개족도리'이다.

서식지	산지, 숲
개체수	흔함
날 개	41-46㎜(편 길이)
월동태	번데기
출현기	4-5월말(연 1회)

모시나비

Parnassius stubbendorfii Ménétriès
ヒメウスバアゲハ

날개의 느낌이 우리 옷감인 모시처럼 곱고 시원함을 준다. 날개에 비늘가루가 적고 순백색이어서 검은색 날개맥과 뚜렷하게 대비된다. 수컷은 배에 털이 많고, 암컷은 배 양쪽에 노란 점무늬가 뚜렷하다. 산지의 계곡 둘레에 살면서 여러 꽃의 가루받이를 한다. 시베리아 남부에서 몽골, 중국, 일본에 분포하며, 국내에는 제주도와 울릉도를 뺀 전국에 분포한다. 애벌레의 먹이식물은 양귀비과의 '현호색', '왜현호색', '들현호색'이다.

서식지 산지, 숲 가장자리
개체수 흔함
날 개 53-65㎜(편 길이)
월동태 알
출현기 5-6월초(연 1회)

붉은점모시나비

Parnassius bremeri (Felder)
アカボシウスバアゲハ

멸종위기종 2급

모시나비와 닮았지만 더 크고 날개에 붉은 점이 있다. 먹이식물인 기린초가 자라는 바위산에 산다. 사람 키보다 낮게 천천히 날면서 여러 꽃에 앉아 꿀을 빤다. 오후에는 산꼭대기에도 찾아온다. 요즈음 보기 어려워 환경부에서 멸종위기종으로 지정해 보호하고 있다. 러시아 남부에서 중국, 러시아 극동에 분포하고, 국내에는 제주도와 울릉도를 뺀 전국에 국지적으로 분포한다. 애벌레의 먹이식물은 돌나물과의 '기린초'이다.

서식지	산지, 암석 지대
개체수	드묾
날 개	33-42㎜
월동태	알
출현기	5-6월초(연 1회)

사향제비나비

Byasa alcinous (Klug)
ジャコウアゲハ, Chinese Windmill

수컷은 날개가 검고, 암컷은 회색기가 있는 검은색이다. 수컷은 독특하게 사향 냄새를 풍긴다. 아주 빠르지 않으며, 수평으로 활강하다가 엉겅퀴와 쉬땅나무 등의 꽃에 잘 모인다. 수컷은 물가에 앉아 물을 먹는다. 암컷은 풀 사이를 천천히 날아다니면서 먹이식물 잎 뒤에 1-6개의 알을 한 번에 낳는다. 일본, 중국, 러시아 극동, 미얀마에 분포하고, 국내에는 제주도와 울릉도를 뺀 전국에 분포한다. 애벌레의 먹이식물은 쥐방울덩굴과의 '쥐방울덩굴', '등칡'이다.

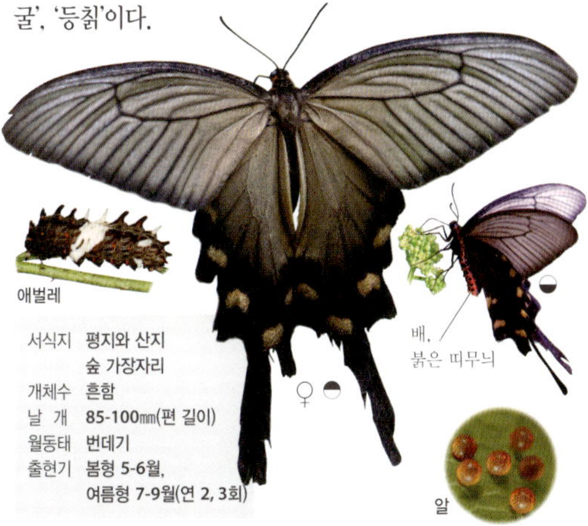

♀ ◓

애벌레

서식지 평지와 산지 숲 가장자리
개체수 흔함
날 개 85-100㎜(편 길이)
월동태 번데기
출현기 봄형 5-6월, 여름형 7-9월(연 2, 3회)

◓

배, 붉은 띠무늬

알

꼬리명주나비

Sericinus montela Gray
ホソオチョウ

날개 색이 명주 옷감과 닮았으며, 뒷날개에 긴 꼬리 모양 돌기가 있다. 날개 바탕이 수컷은 황갈색, 암컷은 흑갈색이다. 하천 주위나 야산 언저리의 풀밭에서 볼 수 있으며, 수평으로 천천히 날아다니다가 여러 꽃에 잘 찾아든다. 예전에는 경기도에도 많았으나 지금은 강원도에 가야 볼 수 있다. 중국에 분포하고, 국내에는 섬 지방과 전남 대부분 지방을 뺀 내륙에 국지적으로 분포한다. 애벌레의 먹이식물은 쥐방울덩굴과의 '쥐방울덩굴'이다.

짝짓기

서식지 평지와 낮은 산지, 풀밭
개체수 흔함
날 개 42-49㎜(편 길이)
월동태 번데기
출현기 봄형 4-5월,
여름형 7-9월(연 2, 3회)

애벌레

번데기

호랑나비

Papilio xuthus Linnaeus
アゲハ, Asian Swallowtail

나비의 대명사로 예전엔 '범나비'라고 불렸다. 날개는 옅은 노란색 바탕에 검은색 무늬가 퍼져 있다. 맑은 날 여러 꽃에 날아들고, 수컷은 축축한 물가에 잘 모인다. 암컷은 잎 뒤나 줄기에 노란색 알을 하나씩 낳는다. 애벌레는 처음에 새똥처럼 생겼으나 차츰 풀색으로 변한다. 시베리아 남부, 몽골, 중국, 일본 등지에 분포하고, 국내에는 전국에 분포한다. 애벌레의 먹이식물은 운향과의 '산초나무', '귤나무', '백선' 등이다.

짝짓기

서식지 평지와 산지 숲 가장자리
개체수 매우 흔함
날 개 65-90㎜(편 길이)
월동태 번데기
출현기 봄형 4-5월, 여름형 6-10월 경 (연 2-4회)

♂

애벌레

알

♀

산호랑나비

Papilio machaon Linnaeus
キアゲハ, Swallowtail

날개는 짙은 노란색 바탕에 검은색 무늬가 퍼져 있다. 겉보기에 호랑나비와 닮았으나 중실의 검은색 무늬가 많이 다르다. 수컷은 텃세행동을 심하게 한다. 산에 가면 쉽게 만날 수 있는데, 수수꽃다리, 동자꽃, 쉬땅나무 등의 꽃에 잘 모인다. 오전에는 양지바른 곳에서 날개를 편 채로 일광욕을 한다. 유라시아 대륙과 아프리카 북부에 분포하고, 국내에는 전국에 분포한다. 애벌레의 먹이식물은 산형과의 '미나리', '당근', '참당귀'이다.

♀ ◐

♂ ◐

애벌레

서식지	평지와 높은 산지, 풀밭
개체수	흔함
날 개	68-95㎜(편 길이)
월동태	번데기
출현기	봄형 5-6월, 여름형 7-10월(연 2, 3회)

긴꼬리제비나비

Papilio macilentus Janson
オナガアゲハ

꼬리가 긴 제비나비라는 뜻이지만 꼬리가 배 끝이 아니라 뒷날개에 있다. 날개는 검고, 다른 제비나비들과 다르게 폭이 특별히 좁다. 낙엽활엽수림 주변 계곡에 살며, 나리나 엉겅퀴 등의 꽃에 잘 모인다. 수컷은 축축한 곳에서 잘 모여 물을 먹고, 암컷은 낮게 날면서 먹이식물을 찾아 잎 뒤에 알을 하나씩 낳는다. 중국 중서부와 일본에 분포하고, 국내에는 북한의 평양 이남 지역에 분포한다. 애벌레의 먹이식물은 운향과의 '산초나무', '귤나무' 등이다.

서식지	평지와 산지, 숲
개체수	매우 흔함
날 개	65-87㎜(편 길이)
월동태	번데기
출현기	봄형 5-6월, 여름형 7-9월 (연 2, 3회)

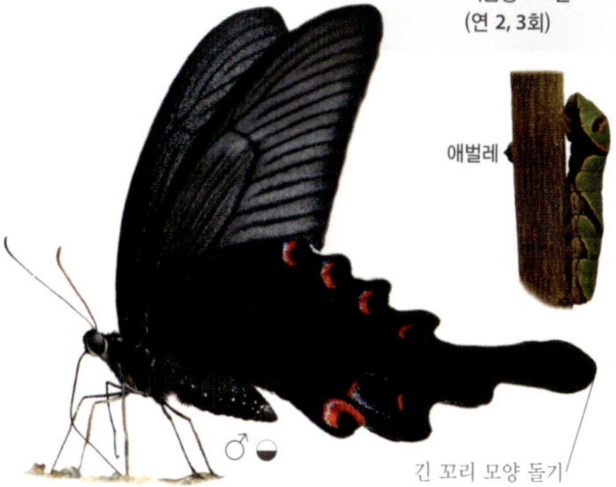

남방제비나비

Papilio protenor Cramer
クロアゲハ, Spangle

날개가 검고, 뒷날개에 붉은 점이 뚜렷하다. 수컷에만 뒷날개 앞 가장자리에 황백색 띠가 있다. 수컷은 계곡을 따라 나비길을 만들어 힘차게 날아다닌다. 암수가 아카시나무, 철쭉, 누리장나무의 꽃에서 꿀을 빤다. 암컷은 오후에 먹이식물의 잎, 줄기에 알을 한 개씩 낳는다. 인도 북부에서 일본까지 아열대 지역에 분포하고, 국내에는 경기도 섬 지방에서 제주도까지 따뜻한 지역에 분포한다. 애벌레의 먹이식물은 운향과의 '머귀나무', '귤나무' 등이다.

서식지	마을, 평지 상록수림 가장자리
개체수	흔함
날 개	70-91㎜(편 길이)
월동태	번데기
출현기	봄형 5-6월초, 여름형 6월말-9월 (연 2회)

무늬박이제비나비

Papilio helenus Linnaeus
クロアゲハ, Red Helen

요즈음 경상남도 거제도와 욕지도 등지에서 정착하고 있는데, 과거에는 제주도와 전남 등지에서 몇 번 발견된 기록만 있는 희귀종이었다. 자귀나무 꽃에 날아오거나 정상 주위에 배회하는 일이 있는데, 관찰 기록이 적다. 일본, 중국, 타이완과 동남아시아와 서남아시아에 넓게 분포한다. 애벌레의 먹이식물은 운향과의 '귤나무' 등으로, 앞으로 귤 재배지가 넓어지면 이들의 서식지가 늘어날 전망이다.

서식지	**평지와 산지 숲 가장자리**
개체수	**매우 드묾**
날 개	**80㎜ 안팎(편 길이)**
월동태	**번데기**
출현기	**5-8월(연 2회)**

제비나비

Papilio bianor Cramer
カラスアゲハ

날개는 검고 꼬리 모양 돌기가 뚜렷하다. 뒷날개 가장자리에 반달 모양의 붉은 무늬가 있다. 수컷은 앞날개 중앙에 비로드 같은 짧은 털이 있지만 암컷은 이것이 없다. '제비'라는 말은 제비같이 검고 빠르다는 뜻이다. 수컷은 숲에서 길이나 계곡을 따라 나비길을 만들어 날며, 습지에 떼 지어 모인다. 쿠릴 열도 남부, 사할린, 중국, 일본에 분포하고, 국내에는 전국에 분포한다. 애벌레의 먹이식물은 운향과의 '황벽나무', '산초나무' 등이다.

서식지	평지와 산지, 숲
개체수	매우 흔함
날 개	70-115㎜(편 길이)
월동태	번데기
출현기	봄형 4-6월, 여름형 7-8월(연 2, 3회)

♀

♂

애벌레

산제비나비

Papilio maackii Ménétriès
ミヤマカラスアゲハ

제비나비와 닮았으나 날개의 청백색 띠가 더 뚜렷하다. 높은 산의 계곡에 많으며, 제비나비와 습성이 거의 같다. 나비학자 석주명은 이 나비가 우리 나비를 대표할 수 있다고 언급한 적이 있다. 암컷은 먹이식물 잎 뒤에 알을 하나씩 낳으며, 애벌레는 잎 위에서 살아간다. 트랜스바이칼, 러시아 극동, 사할린, 쿠릴 열도 남부, 중국, 일본에 분포하고, 국내에는 전국에 분포한다. 먹이식물은 운향과의 '황벽나무', '머귀나무'이다.

서식지	산지, 숲
개체수	매우 흔함
날 개	72-120㎜(편 길이)
월동태	번데기
출현기	봄형 4-6월, 여름형 7-8월 (연 2회)

청띠제비나비

Graphium sarpedon (Linnaeus)
アオスジアゲハ

날개는 검고 중앙에 청색 띠가 있으며, 뒷날개에 꼬리 돌기가 없다. 날개 폭이 좁고 길쭉해서 마치 방패연처럼 보이며, 매우 빠르게 난다. 녹나무가 많은 해안 지역에 산다. 수컷은 축축한 물가에서 무리 지어 물을 먹는데, 암수가 엉겅퀴, 파, 토끼풀, 거지덩굴 등의 꽃에서 꿀을 빤다. 동양구 전역과 오스트레일리아구 북부에 분포하고, 국내에는 중부의 서해안 몇몇 섬과 남해안의 섬, 제주도, 울릉도에 분포한다. 먹이식물은 녹나무과의 '후박나무', '녹나무'이다.

♂ ◓

♀ ◒

애벌레

서식지	마을, 평지, 숲
개체수	흔함
날 개	60-68㎜(편 길이)
월동태	번데기
출현기	5-9월초(연 2, 3회)

북방기생나비

Leptidea morsei (Fenton)
エゾヒメシロチョウ

기생나비와 형태와 생태 습성이 닮았으나 날개 끝이 둥글어서 다르다. 또 기생나비보다 더 추운 곳에 치우쳐 사는데, 강원도와 경기도 북부 한랭지역의 풀밭에서 보인다. 힘없이 날아다녀 관찰하기 매우 쉽고, 개망초, 갈퀴나물 꽃에서 꿀을 빨며, 수컷은 습지에 온다. 유럽에서 터키, 카자흐스탄 동부, 시베리아, 러시아 극동, 몽골, 중국, 일본까지 분포하고, 국내에는 경기도와 강원도 이북에 분포한다. 먹이식물은 콩과의 '등갈퀴나물'이다.

서식지 산지, 풀밭
개체수 드묾
날 개 38-50㎜(편 길이)
월동태 번데기
출현기 4월말-9월(연 2, 3회)

기생나비

Leptidea amurensis (Ménétriès)
ヒメシロチョウ

흰색 바탕에 검은색 무늬가 날개 끝에 둥글게 나타난다. 낮은 산지나 논밭 둘레에서 보이며, 요사이 수가 많이 줄어들었다. 계절에 따라 날개 색이 달라지지만 암수 차이는 크지 않다. 풀밭을 힘없이 날아다니는 모습이 가련하다고 해서 '기생'이라고 불린다. 꿀풀이나 타래난초 꽃에서 꿀을 빤다. 수컷은 습지에 잘 앉는다. 시베리아 남부, 러시아 극동, 중국, 일본에 분포하고, 국내에는 섬을 뺀 전국에 분포한다. 먹이식물은 콩과의 '갈퀴나물'이다.

서식지	평지, 낮은 산지, 풀밭
개체수	드묾
날 개	40-50㎜(편 길이)
월동태	번데기
출현기	4월말-9월(연 3회)

남방노랑나비

Eurema mandarina (de l'Orza)
キタキチョウ

여름형 개체는 날개가 노랗고 가장자리가 검은데, 가을에 보이는 개체의 검은 테는 희미하다. 남부지방과 제주도 풀밭의 콩과식물이 자라는 숲 가장자리나 들판에서 살며, 개망초와 꿀풀 등 여러 꽃에서 꿀을 빤다. 날아갈 때에는 매우 빠르지만 꽃이나 길바닥에 앉으면 관찰하기 쉽다. 동양구, 오스트레일리아구, 아프리카 북부에 넓게 분포하고, 국내에는 위도 39도 이남 지역과 울릉도에 분포한다. 먹이식물은 콩과의 '비수리', '긴강남차', '자귀나무'이다.

서식지	마을 주변, 평지, 풀밭
개체수	매우 흔함
날 개	32-41㎜(편 길이)
월동태	어른벌레
출현기	6월-이듬해 5월 (연 3회)

♂ ◓ ☼

♀ ◒

극남노랑나비

Eurema laeta (Boisduval)
ツマグロキチョウ, Spotless Grass Yellow

남방노랑나비와 형태와 생태적 습성이 닮았다. 다만 날개 가장자리 검은 테의 모습이 다른데, 특히 이 나비의 가을형은 바탕색이 탁해지고 날개 끝이 더 뾰족해진다. 여러 꽃에 날아와 꿀을 빨아 먹으며, 수컷은 물가에 잘 앉는다. 극남이라는 말은 남방보다 더 남쪽으로 치우친다는 뜻이다. 동양구 일대, 중국 남부, 타이완, 일본에 분포하고, 국내에는 위도 39도 이남 지역과 울릉도에 분포한다. 먹이식물은 콩과의 '차풀'이다.

서식지	마을 주변, 평지, 풀밭
개체수	매우 흔함
날 개	31-40㎜(편 길이)
월동태	어른벌레
출현기	7월-이듬해 5월(연 3, 4회)

♀ ◒ 🍂

♂ ◓ ☼

검은테노랑나비

Eurema brigitta (Stoll)
ホソボシキチョウ

최근 우리나라 전남 진도에서 2002년에 한번 기록된 나비로, 남방노랑나비보다 날개의 노랑 바탕색이 짙고, 날개 가장자리의 검은 테도 더 뚜렷하고 짙다. 나라 밖에는 미얀마, 라오스, 베트남, 중국 남부와 동양 열대구, 오스트레일리아구, 에티오피아구에 넓게 분포하는 열대성 종이다. 처음 이 나비를 발견했던 장소의 환경은 주위에 억새와 싸리나무 등이 우거진 사이로 시야가 넓게 트인 산길이었다. 8월에 보인다. 미접으로 다룬다.

서식지	마을 주변, 평지, 풀밭
개체수	매우 드묾
날 개	29㎜(편 길이)
월동태	어른벌레(?)
출현기	8월경(일시적)

◒

♂ ◒

각시멧노랑나비

Gonepteryx aspasia (Ménétriès)
スジボソヤマキチョウ

날개는 옅은 풀색기가 있는 노란색이고, 날개 끝이 뾰족하여 전체 모습이 나뭇잎처럼 보인다. 엉겅퀴와 구절초, 개망초, 백일홍 등의 꽃에서 꿀을 빨며, 수컷은 무리를 지어 물을 먹는 것을 가끔 볼 수 있다. 암컷은 먹이식물의 줄기와 새싹 등에 한 개씩 알을 낳는다. 겨울을 어른벌레로 난 후 날개에 갈색 반점이 나타나고 심하게 훼손된다. 러시아 극동, 중국, 일본에 분포하고, 국내에는 제주도를 뺀 전국에 분포한다. 먹이식물은 갈매나무과의 '갈매나무'이다.

서식지	낮은 산지, 숲 가장자리
개체수	매우 흔함
날 개	55-62㎜(편 길이)
월동태	어른벌레
출현기	6월-이듬해 4월(연 1회)

멧노랑나비

Gonepteryx maxima Butler
ヤマキチョウ

형태는 각시멧노랑나비와 거의 같으나 중앙의 오렌지색 무늬가 더 크고, 날개맥이 두껍다. 암수 차이는 각시멧노랑나비처럼 날개가 수컷은 노란색, 암컷은 연두색을 띤다. 쥐손이풀, 엉겅퀴, 개망초 꽃의 꿀을 빨고, 수컷은 습지에 모인다. 날 때에는 그리 빠르지 않으며, 꽃에 앉으면 한동안 움직이지 않아 관찰하기 편하다. 러시아 극동, 중국 동북부와 중부, 일본에 분포하고, 국내에는 강원도 이북에 분포한다. 먹이식물은 갈매나무과의 '갈매나무'이다.

서식지	산지, 숲 가장자리
개체수	흔함
날 개	57-64㎜(편 길이)
월동태	어른벌레
출현기	6월-이듬해 5월 (연 1회)

♀

♂

노랑나비

Colias erate (Esper)
ツマグロキチョウ, Eastern Pale Clouded Yellow

수컷은 날개가 노란색뿐이지만, 암컷은 흰색과 노란색 바탕이 있는데, 유전적으로 흰색이 우성이다. 논밭이나 마을 주변에서 빠르게 날아다니면서 개망초, 토끼풀, 엉겅퀴, 양지꽃, 민들레, 진달래 등의 여러 꽃에 잘 모인다. 암컷은 먹이식물의 새싹에 배를 구부려 하나씩 알을 낳는다. 유럽 동남부, 아프리카 동북부, 중앙아시아, 몽골, 러시아 극동, 중국, 일본에 분포하고, 국내에는 전국에 분포한다. 먹이식물은 콩과의 '자운영', '돌콩', '토끼풀' 등이다.

알

서식지 마을, 평지, 산지, 풀밭
개체수 매우 흔함
날 개 33-39㎜(편 길이)
월동태 번데기
출현기 3월말-10월(연 3, 4회)

애벌레

번데기

♀ ◒

새연주노랑나비

Colias fieldii Ménétriès
ダイダイモンキチョウ

우리나라 남부와 중부 지방에 이따금 관찰되는 미접이다. 중국에서 계절풍을 따라 날아오거나 수입 농산물을 따라 들어와 일시적으로 정착한 것으로 보인다. 날개의 바탕색은 주홍빛을 머금은 노란색으로 노랑나비보다 짙고, 조금 크다. 수컷은 날개 외연의 검은 띠의 폭이 좁다. 암컷은 노랑나비와 같은 패턴이다. 이란 남부에서 중국, 러시아 극동(우수리)까지 넓게 분포하고, 국내에는 북부 지방에 분포할 가능성이 높다. 먹이식물은 '콩과식물'이다.

서식지	마을, 평지, 풀밭
개체수	매우 드묾
날 개	38-44㎜(편 길이)
월동태	번데기(추정)
출현기	일시적

연노랑흰나비

Catopsilia pomona (Fabricius)
ウスキシロチョウ, Lemon Migrant

우리나라 제주도와 남부 해안 지방에서 이따금 보이는 미접으로 흔하지 않다. 중형 크기의 나비이지만 우리나라 흰나비 중에서 큰 편이다. 날개 끝이 뾰족하고, 검은 띠무늬가 수컷은 조금, 암컷은 크게 나타난다. 날개의 바탕색은 옅은 노란색이 있는 흰색으로 암컷 쪽이 조금 짙다. 날 때에는 매우 빠르다. 나라 밖에는 인도에서 오스트레일리아까지 동남아 일대에 넓게 분포한다. 먹이식물은 열대와 아열대 지역의 '콩과식물'들이다.

서식지 **해변, 풀밭**
개체수 **매우 드묾**
날 개 **47㎜ 안팎(편 길이)**
월동태 **어른벌레**
출현기 **8-9월초(일시적)**

◓

♂ ◓

갈구리나비

Anthocharis scolymus Butler
ツマキチョウ

날개 끝이 뾰족한데, 수컷은 오렌지색을 띠고, 암컷은 희다. 뒷날개 아랫면은 풀색 바탕이 얼룩져 보인다. 이른봄 산속의 계곡이나 등산로 주변에서 산다. 민들레와 나무딸기, 장대나물의 꽃을 찾으나 빠르게 꿀을 빨고 날아가는 습성이 있다. 낮게 직선적으로 날아다니면서 숲 속 넓은 장소를 왕복한다. 번데기로 겨울을 난다. 아무르 남부, 중국 동북부, 일본에 분포하고, 국내에는 전국에 분포한다. 먹이식물은 십자화과의 '장대나물' 등이다.

서식지	평지, 산지, 숲 가장자리
개체수	매우 흔함
날 개	36-39㎜(편 길이)
월동태	번데기
출현기	4-6월경(연 1회)

상제나비

멸종위기종 1급

Aporia crataegi (Linnaus)
エゾシロチョウ, Black-veined White

날개는 순백색 바탕에 날개맥이 검고, 가장자리를 따라 검은색 띠가 뚜렷하다. 암컷은 날개에 검은 비늘가루가 많다. 봄에만 나타나 건조한 산지에서 살아가나 요즈음 매우 드물어졌다. 환경부에서 보호종으로 지정해 보호에 힘쓰고 있으나 이미 남한에서는 멸종 단계에 들어간 것으로 보인다. 유럽에서 극동아시아까지 넓은 지역에 분포하고, 국내에는 강원도 일부 지역과 북한에 분포한다. 먹이식물은 장미과의 '개살구'와 '털야광나무' 등이다.

서식지	산지, 관목림
개체수	매우 드묾
날 개	52-59㎜(편 길이)
월동태	애벌레
출현기	5월 중순-6월초 (연 1회)

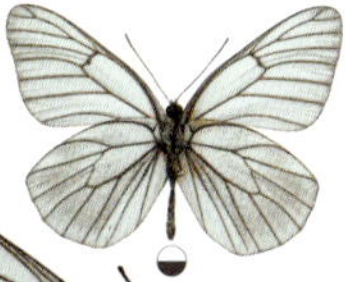

배추흰나비

Pieris rapae (Linnaeus)
モンシロチョウ, Small White

날개는 흰 바탕에 검은색 무늬가 있는데, 암컷이 더 짙다. 배추밭과 무밭에서 볼 수 있으며, 우리와 친숙하지만 농가에서는 애벌레를 해충으로 여긴다. 메밀과 개망초, 산비장이, 구절초, 엉겅퀴 등 여러 꽃에서 꿀을 빠는데, 특히 노란색과 보라색 꽃을 좋아한다. 수컷은 때때로 여러 마리가 물가에 앉지만 큰 무리를 짓지 않는다. 유라시아 대륙과 아프리카 북부, 오스트레일리아, 뉴질랜드에 분포하고, 국내에는 전국에 분포한다. 먹이식물은 십자화과의 여러 식물이다.

◒ 짝짓기

서식지	마을, 평지, 풀밭
개체수	매우 흔함
날 개	40-47㎜(편 길이)
월동태	번데기
출현기	4-11월(연 4, 5회)

암컷,
검은 비늘가루 발달

♀ ◓

대만흰나비

Pieris canidia (Sparrman)
タイワンモンシロチョウ, Indian Cabbage White

날개는 배추흰나비보다 검은 무늬가 많아 구별되지만 일반인들은 잘 구별하지 못한다. 타이완에서 처음 발견되어 '대만'이라는 이름이 들어 있다. 천천히 미끄러지듯이 날아다니며, 냉이와 개망초, 엉겅퀴 등의 꽃에서 꿀을 빤다. 수컷은 습지에 잘 모인다. 암컷은 먹이식물의 잎 위에 한 개씩 낳는데, 알은 긴 타원형이다. 아시아 남부에서 러시아 극동, 타이완 등지에 분포하고 국내에는 제주도를 뺀 전국에 분포한다. 먹이식물은 십자화과의 '나도냉이' 등이다.

서식지	마을, 평지, 풀밭
개체수	매우 흔함
날 개	38-45㎜(편 길이)
월동태	번데기
출현기	4-10월(연 3, 4회)

큰줄흰나비

Pieris melete (Ménétriès)
スジグロシロチョウ

날개는 흰색 바탕에 검은 줄무늬가 있고, 아랫면은 윗면과 달리 옅게 노란색기가 나타난다. 암컷은 검은 비늘가루가 많다. 수컷에게는 향기 나는 비늘가루가 있다. 미나리냉이, 꿀풀, 큰까치수영, 민들레 등의 꽃에서 꿀을 빤다. 수컷은 계곡의 습지 주위에서 활발하게 날아다니고, 암컷은 수컷보다 느리게 난다. 러시아 극동, 아무르, 쿠릴 남부, 중국 동북부, 일본에 분포하고, 국내에는 전국에 분포한다. 먹이식물은 십자화과의 여러 식물이다.

서식지 평지, 산지
숲 가장자리, 풀밭
개체수 매우 흔함
날 개 50-63㎜(편 길이)
월동태 번데기
출현기 4-10월(연 3, 4회)

줄흰나비

Pieris napi (Linnaeus)
エゾスジグロシロチョウ, Green-veined White

큰줄흰나비보다 크기가 조금 작고, 날개의 검은색 무늬가 덜 짙은 특징이 있지만 차이는 매우 작다. 높은 산지의 숲 가장자리 풀밭을 천천히 날아다니면서 금방망이, 곰취, 엉겅퀴, 개회나무, 꿀풀, 층층이꽃 등 여러 꽃에서 꿀을 빤다. 수컷은 습지에 모인다. 유라시아 북부와 북아메리카에 넓게 분포하고, 국내에는 태백산맥과 북부 지방의 산지와 제주도 한라산에 분포한다. 먹이식물은 십자화과의 '섬바위장대', '나도냉이'이다.

검은 비늘가루가 적다

♂

서식지	산지, 풀밭 숲 가장자리
개체수	흔함
날 개	50-60㎜(편 길이)
월동태	번데기
출현기	4월 중순-9월 (연 3회)

풀흰나비

Pontia daplidice (Linnaeus)
チョウセンシロチョウ, Bath White

날개는 흰색 바탕에 검은색 무늬가, 날개 아랫면에는 녹색기가 있는 갈색 무늬가 퍼져 있다. 암컷은 앞날개 기부에 검은 비늘가루가 많다. 강가나 하천 주위의 풀밭에서 가끔 발견되며, 해마다 서식지가 바뀌어 한 번 본 장소를 다음에 찾아가도 못 볼 경우가 많다. 빠르게 날고 개망초 등 여러 꽃에서 꿀을 빤다. 유럽, 아프리카 북부에서 러시아 극동까지 넓게 분포하고, 국내에는 지리산 이북에 국지적으로 분포한다. 먹이식물은 십자화과의 '콩다닥냉이'이다.

서식지 마을, 평지
강가나 하천 풀밭
개체수 드묾
날 개 **45-50㎜(편 길이)**
월동태 번데기
출현기 **5-10월초(연 3, 4회)**

♂ ◐

♀ ◐

♂ ◐

뾰족부전나비

Curetis acuta Moore
ウラギンシジミ

최근 경남 울산, 거제도 등지에서 이따금 채집되는 미접이다. 날개 끝이 뾰족해서 석주명에 의해 붙여진 이름이나, 우리나라에 정식으로 기록된 종은 아니다. 날개 아랫면은 은백색을 띠는데, 윗면 중앙은 수컷이 주홍색, 암컷은 청회색을 띠어서 차이가 난다. 애벌레는 제8배마디에 뚜렷한 관 모양 돌기가 있다. 인도에서 인도차이나 반도, 중국 남부, 타이완, 일본 남부에 분포한다. 먹이식물은 여러 '콩과식물'인 것으로 알려져 있다.

서식지	마을, 평지, 풀밭
개체수	매우 드묾
날 개	45-50㎜(편 길이)
월동태	번데기(?)
출현기	8-10월초(일시적)

바둑돌부전나비

Taraka hamada (H. Druce)
ゴイシシジミ, Forest Pierrot

날개는 흰 바탕에 검은 점들이 바둑돌처럼 퍼져 있다. 사찰, 마을, 등산로의 숲가 조릿대 군락에서 볼 수 있다. 암컷은 조릿대나 이대 잎 뒤의 '일본납작진딧물'들 사이에 알을 하나씩 낳는다. 어른벌레는 꽃에 날아오지 않고, 이 진딧물의 분비물을 빨아 먹는다. 히말라야 동부에서 인도차이나, 중국, 타이완, 일본까지 분포하고, 국내에는 제주도와 한반도 중부 이남에 분포한다. 우리나비 중 유일하게 애벌레가 '일본납작진딧물'을 잡아먹는 순육식성이다.

서식지	마을, 평지 숲 가장자리
개체수	드묾
날 개	24-30㎜(편 길이)
월동태	애벌레
출현기	6월초-10월초 (연 3, 4회)

남방남색꼬리부전나비

Arhopala bazalus (Hewitson)
ムラサキツバメ, Powdered Oakblue

과거에 북한 원산에서 한번 기록된 적이 있지만 분포 범위나 먹이식물의 식생 여부를 살펴볼 때, 잘못된 기록이다. 그 후 경남 통영과 제주도에서 발견되었다. 사는 장소는 상록의 가시나무류가 많은 남해안 일대와 제주도로 생각되나 어디에서고 발견된 일이 매우 적다. 생태적 특성은 남방남색부전나비와 거의 같을 것으로 보고 있는데, 관찰된 기록이 거의 없다. 히말라야, 인도네시아, 필리핀, 타이완, 일본에 분포한다.

서식지	산지, 숲 가장자리
개체수	매우 드묾
날 개	36㎜ 안팎(편 길이)
월동태	어른벌레
출현기	일시적

남방남색부전나비

Arhopala japonica (Murray)
ムラサキシジミ

종가시나무가 많은 상록수 숲 둘레에서 산다. 활동영역이 좁아 서식지에서 그다지 멀리 떠나는 일이 드물다. 앉는 위치는 햇빛이 잘 비치는 5-6m 정도의 나뭇잎 위이며, 그곳에서 일광욕을 하기도 하고, 수컷끼리 강하게 텃세행동도 한다. 암컷은 맑은 날 시원한 그늘 사이의 낮은 위치에 내려와서 알을 낳는다. 일본과 타이완에 분포하고, 국내에는 남부 일부와 제주도 선흘에 분포한다. 먹이식물은 참나무과의 '종가시나무'이다.

서식지	산지, 숲 가장자리
개체수	드묾
날 개	34-38㎜(편 길이)
월동태	어른벌레
출현기	4월초-11월초 (연 3, 4회)

매우 예리한 날개 끝

♂

선녀부전나비

Artopoetes pryeri (Murray)
ウラゴマダラシジミ

날개 윗면은 검은색 테두리에 중앙이 짙은 보랏빛이고, 아랫면은 은회색 바탕에 검은 점들이 점점이 나타난다. 겉보기에 푸른부전나비 암컷과 닮았다. 산지의 숲 주위에서 볼 수 있으며, 수컷은 해질녘에 활발하게 날아다니나 암컷은 나뭇잎 사이에 앉아 지낸다. 이따금 쥐똥나무와 쉬땅나무의 꽃에서 꿀을 빤다. 아무르 남부, 중국 동북부, 일본에 분포하고, 국내에는 지리산 이북 산지에 분포한다. 먹이식물은 물푸레나무과의 '쥐똥나무', '개회나무'이다.

서식지	산지, 숲
개체수	드묾
날 개	**35-40㎜(편 길이)**
월동태	알
출현기	**6-8월초(연 1회)**

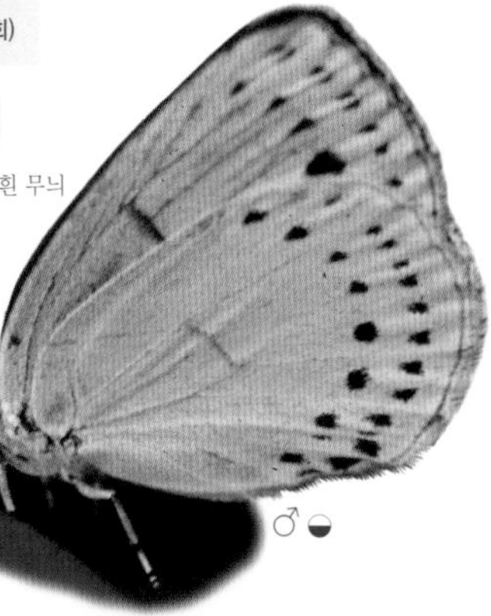
♂

붉은띠귤빛부전나비

Coreana rapaelis (Oberthür)
チョウセンアカシジミ

금강산귤빛부전나비와 닮았으나 날개의 주황색이 더 짙고 더 넓게 나타난다. 또 뒷날개의 돌기가 없다. 산지의 활엽수림에 사는데, 한낮에는 거의 움직이지 않다가 해질 무렵에 활발하게 날아다닌다. 수컷은 물가에 날아오나 흔하지 않다. 암컷은 먹이식물 줄기에 여러 개의 알을 한꺼번에 낳는다. 러시아 극동 남부, 중국 동북부, 일본에 분포하고, 국내에는 지리산 이북 산지에 분포한다. 먹이식물은 물푸레나무과의 '물푸레나무'이다.

서식지	산지, 숲
개체수	드묾
날 개	27-32㎜(편 길이)
월동태	알
출현기	6월 중순-7월 (연 1회)

금강산귤빛부전나비

Ussuriana michaelis (Oberthür)
コンゴウシジミ

날개 윗면은 가운데 주황색에 바깥으로 짙은 흑갈색이고, 아랫면은 노란색 바탕을 한다. 뒷날개에 가늘고 긴 꼬리 모양의 돌기가 있다. 붉은띠귤빛부전나비와 생태가 닮았으며, 같은 지역에서 두 종을 만날 때가 많다. 붉은띠귤빛부전나비보다 개체수가 훨씬 많으며, 특히 강원도 산지에 가면 더 많이 보게 된다. 러시아 극동, 중국에 분포하고, 국내에는 지리산 이북 산지에 분포한다. 먹이식물은 물푸레나무과의 '물푸레나무'이다.

서식지 산지, 숲
개체수 흔함
날 개 29-35㎜(편 길이)
월동태 알
출현기 6월 중순-7월 (연 1회)

민무늬귤빛부전나비

Shirozua jonasi (Janson)
ムモンアカシジミ

참나무 숲 둘레에서 오후 늦게 높은 나무 위를 힘없이 날기도 하고, 능선을 가로지르기도 하며, 정상에서도 볼 수 있다. 암컷은 오후 2-3시경 먹이식물 주위를 배회하는 모습을 볼 수 있다. 일본, 중국 북부, 아무르 남부에 분포하고, 국내에는 경기도 일부와 강원도 태백산맥, 경상북도 소백산 등지에 점점이 분포한다. 외국 자료에 따르면 애벌레가 참나무 잎을 먹거나 참나무과 식물의 잎에 기생하는 진딧물을 먹는 반육식성이다.

서식지	**산지, 숲 가장자리**
개체수	**매우 드묾**
날 개	**30-33㎜(편 길이)**
월동태	**알**
출현기	**7월말-9월초 (연 1회)**

암고운부전나비

Thecla betulae (Linnaeus)
チョウセンメスアカシジミ, Brown Hairstreak

암컷의 앞날개 윗면에 붉은 점이 반달 모양으로 나타나 수컷보다 더 예쁘다고 해서 '암고운'이라는 이름이 붙었다. 낮은 산지의 활엽수림 가장자리나 마을 둘레에 산다. 개망초 등의 꽃에 날아와 꿀을 빠는 외에는 나무 위에 앉아 움직이지 않는다. 암컷은 늦가을까지 살며 먹이식물 줄기 사이에 알을 낳는다. 유럽에서 러시아 극동까지 넓게 분포하고 국내에는 지리산 이북에 분포한다. 먹이식물은 장미과의 '복숭아나무', '살구나무', '매화나무' 등이다.

♀ ◓

알

애벌레

서식지	**평지, 낮은 산지 숲 가장자리**
개체수	**흔함**
날 개	**35-39㎜(편 길이)**
월동태	**알**
출현기	**6월 중순-10월(연 1회)**

♀ ◒

♀ ◒

귤빛부전나비

Japonica lutea (Hewitson)
アカシジミ

날개는 귤색 바탕에 윗면의 날개 끝이 검고, 아랫면에 가는 은색 줄무늬가 있다. 뒷날개에는 꼬리돌기가 있다. 해질 무렵 상수리나무나 떡갈나무 숲에서 활발하게 날아다니며, 이 밖에는 낮은 나무나 풀잎에 앉아 쉰다. 개망초 꽃에서 꿀을 빠는 일이 있으나 물가에 잘 모이지는 않는다. 암컷은 먹이식물의 가지에 알을 하나씩 낳는다. 러시아 극동, 중국, 일본에 분포하고, 국내에는 전국에 분포한다. 먹이식물은 참나무과의 '떡갈나무'이다.

서식지	평지, 낮은 산지 숲 가장자리
개체수	흔함
날 개	31-34㎜(편 길이)
월동태	알
출현기	5월말-7월(연 1회)

시가도귤빛부전나비

Japonica saepestriata (Hewitson)
ウラナミアカシジミ

귤빛부전나비와 닮았으나 날개 아랫면에 검은 점들이 빽빽하게 들어차 있다. 날개 윗면의 날개 끝은 암컷만 검게 나타난다. 낮은 산지의 참나무 숲에서 해질 무렵 활발하게 날아다니고, 이 밖에는 낮은 나무나 풀잎에 앉아 쉰다. 이따금 밤나무 꽃에서 꿀을 빠는 일이 있으나 흔치 않다. 암컷은 먹이식물 가지에 알을 낳는다. 러시아 극동, 중국, 일본에 분포하고, 국내에는 전국에 분포한다. 먹이식물은 참나무과의 '떡갈나무', '갈참나무'이다.

서식지	평지, 낮은 산지 숲 가장자리
개체수	흔함
날 개	32-35㎜(편 길이)
월동태	알
출현기	6-7월(연 1회)

긴꼬리부전나비

Araragi enthea (Janson)
オナガシジミ

가래나무가 많은 높은 산지의 차가운 계곡 주변에서 오전에 햇빛이 좋은 자리에 날개를 펴고 앉아 체온을 높인다. 한낮에는 그늘에서 쉬다가 해 지기 전에 활발하나 먹이식물 주위에서 맴돈다. 수컷은 약하게 텃세행동을 한다. 암컷은 먹이식물의 가지 사이나 움푹 팬 홈 등에 알을 하나씩 낳는다. 일본, 중국, 아무르 남부, 타이완에 분포하고, 국내에는 경기도 산지와 강원도 이북에 분포한다. 먹이식물은 가래나무과의 '가래나무'이다.

서식지	산지, 숲 가장자리
개체수	드묾
날 개	25-29㎜(편 길이)
월동태	알
출현기	7월초-9월(연 1회)

담색긴꼬리부전나비

Antigius butleri (Fenton)
ウスイロオナガシジミ

날개 윗면은 흑갈색이지만 아랫면은 흰 바탕에 검은 점과 선 무늬가 정돈되듯 배열된다. 뒷날개의 검은색 꼬리모양 돌기는 가늘고 길며 끝이 희다. 참나무가 많은 산지의 계곡과 길 주변에 산다. 오전에는 풀 위에서 일광욕을 하다가 오후 3시 이후 해질 무렵까지 날아다닌다. 암컷은 떡갈나무 줄기에 서너 개의 알을 낳는다. 러시아 극동, 중국, 일본에 분포하고, 국내에는 전남 광주 이북에 분포한다. 먹이식물은 참나무과의 '떡갈나무', '갈참나무'이다.

서식지	산지, 숲 가장자리
개체수	흔함
날 개	27-31㎜(편 길이)
월동태	알
출현기	6-8월(연 1회)

물빛긴꼬리부전나비

Antigius attilia (Bremer)
ミズイロオナガシジミ

담색긴꼬리부전나비와 닮았으나 날개 윗면이 더 검고, 아랫면의 점과 선 무늬가 단순하다. 또 뒷날개의 꼬리 모양 돌기는 더 짧다. 참나무가 많은 산지의 계곡과 길 주변에 산다. 오전에는 거의 움직이지 않다가 오후에는 큰키나무의 윗부분에서 날아다닌다. 이따금 밤나무 꽃에서 꿀을 빨며, 암컷은 먹이식물 줄기에 몇 개의 알을 낳는다. 러시아 극동, 중국, 일본에 분포하고, 국내에는 전국의 산지에 분포한다. 먹이식물은 참나무과의 '상수리나무'이다.

서식지	산지, 숲 가장자리
개체수	흔함
날 개	27-31㎜(편 길이)
월동태	알
출현기	6-8월초(연 1회)

♂ ◓

♀ ◒

깊은산부전나비

멸종위기종 2급

Protantigius superans (Oberthür)
ギンジシジミ

해발 850m 이상의 낙엽활엽수림 산지에서, 수컷은 해뜨기 직전 잠깐과 해지기 전의 어두워질 때에 활발하게 활동하는데, 높은 나무의 꼭대기에서 텃세행동을 한다. 암수는 완두와 큰까치수영 꽃에서 꿀을 빠는 것이 관찰된 적이 있으나 흔하지 않다. 암컷은 7월 이후 먹이식물의 겨울눈이 될 자리 아래에 알을 하나씩 낳는다. 중국, 연해주 남부에 분포하고, 국내에는 충북 이북에 국지적으로 분포한다. 먹이식물은 버드나무과의 '사시나무'이다.

서식지 산지, 숲 가장자리
개체수 매우 드묾
날 개 30-36㎜(편 길이)
월동태 알
출현기 6월 중순-8월 (연 1회)

참나무부전나비

Wagimo signatus (Butler)
ウラミズジシジミ

참나무가 많은 산지의 계곡에서 나뭇잎 위에 앉아 있어 눈에 잘 띄지 않는다. 맑은 날 해질 무렵 수컷은 약하게 텃세행동을 하며, 암수 모두 밤나무 꽃에서 꿀을 빤다. 암컷은 겨울눈이 될 자리 밑에 알을 하나씩 낳는데, 같은 장소에 낳는 바람에 여러 개를 한 곳에서 볼 수 있다. 일본, 중국, 아무르 남부에 분포하고, 국내에는 경기도와 강원도 일부 지역, 북한의 일부 지역에 분포한다. 먹이식물은 참나무과의 '갈참나무', '신갈나무'이다.

서식지	산지, 숲 가장자리
개체수	드묾
날 개	27-31㎜(편 길이)
월동태	알
출현기	6-7월(연 1회)

♀ ◒

♂ ◒

남방녹색부전나비

Chrysozephyrus ataxus (Westwood)
キリシマミドリシジミ

전남 해남 대둔산과 두륜산의 상록수림이 우리나라 유일한 서식지이다. 수컷은 텃세행동을 오후 2시에서 4시경까지 격하게 하는데, 가지 끝에서 공간을 향하여 날개를 반쯤 펴고 앉아 있다가 다른 개체가 들어오면 추격하는 성질은 강하나 제자리로 돌아오는 성질은 비교적 약하다. 일본, 중국 서부, 미얀마 북부, 파키스탄 북부, 인도에 분포하고, 국내에는 전남 해남군 두륜산 일대에만 분포한다. 먹이식물은 참나무과의 '붉가시나무'이다.

서식지 산지, 숲 가장자리
개체수 드묾
날 개 27-32㎜(편 길이)
월동태 알
출현기 7-8월 중순(연 1회)

♂

♀

작은녹색부전나비

Neozephyrus japonicus (Murray)
ミドリシジミ

산지와 가까운 마을이나 갯가의 오리나무숲에서 사는데, 요사이 개체수가 줄어들어 보기 어렵다. 수컷은 맑은 날 해질 무렵 텃세행동을 하는데, 여러 수컷끼리 어울리면서 뱅글뱅글 땅 위로 내려온다. 암컷은 먹이식물 잔가지의 눈 아래에 알을 하나에서 여러 개씩 낳는다. 일본, 중국 동북부, 아무르, 사할린, 쿠릴 열도 남부에 분포하고, 국내에는 지리산과 경기도, 강원도 이북에 분포한다. 먹이식물은 자작나무과의 '오리나무', '물오리나무'이다.

서식지	산지, 평지 숲 가장자리
개체수	드묾
날 개	27-32㎜(편 길이)
월동태	알
출현기	6-7월(연 1회)

암붉은점녹색부전나비

Chrysozephyrus smaragdinus (Bremer)
メスアカミドリシジミ

낙엽활엽수림 산지의 계곡에서 수컷은 빈터에 전망 좋은 나뭇잎 위에 앉아 텃세행동을 할 때가 많으며, 이따금 계곡 습지에 날아와 물을 먹기도 한다. 암컷은 길가 쪽으로 거의 수평으로 뻗은 가지 사이에 알을 하나씩 낳는다. 암컷 날개 윗면에만 붉은 점이 있어 '암붉은점'이라는 이름이 붙었다. 일본, 중국, 아무르 남부, 사할린 남부에 분포하고, 국내에는 섬 지방을 뺀 지리산 이북 산지에 분포한다. 먹이식물은 장미과의 '산벚나무', '귀룽나무'이다.

서식지	**산지, 평지 숲 가장자리**
개체수	**흔함**
날 개	**27-34㎜(편 길이)**
월동태	**알**
출현기	**6월말-8월(연 1회)**

북방녹색부전나비

Chrysozephyrus brillantinus (Staudinger)
アイノミドリシジミ

신갈나무가 많은 산지에서 수컷은 해 뜨기 전부터 활동하기 시작하여 오전 9시경까지 텃세행동을 한다. 암붉은점녹색부전나비와 같은 장소에 있으나 활동 시간대가 달라 서로 경쟁하지 않는다. 텃세행동을 마치면 큰 나무 꼭대기로 올라가 쉬기 때문에 보기 어렵다. 암컷은 알 낳을 시기인 8-9월 사이에 볼 수 있다. 일본, 중국, 연해주 남부에 분포하고, 국내에는 지리산과 경기도와 강원도 산지에 분포한다. 먹이식물은 참나무과의 '신갈나무', '갈참나무'이다.

서식지	산지, 평지 숲 가장자리
개체수	흔함
날 개	27-34㎜(편 길이)
월동태	알
출현기	6월말-9월(연 1회)

은날개녹색부전나비

Favonius saphirinus (Staudinger)
ウラジロミドリシジミ

날개 윗면이 수컷은 반짝이는 청록색이고, 암컷은 흑갈색이어서 다르나, 아랫면은 암수 모두 은회색에 검은 줄이 가늘게 나타난다. 산지의 참나무 숲에서 수컷은 오전과 오후에 약하게 텃세행동을 한다. 암컷은 먹이식물 겨울눈이 될 자리 아래에 알을 하나씩 낳는다. 러시아 극동, 중국, 일본에 분포하고, 국내에는 전남 광주 이북 낮은 산지에 분포한다. 먹이식물은 참나무과의 '갈참나무', '떡갈나무', '신갈나무'이다.

서식지	낮은 산지 숲 가장자리
개체수	흔함
날 개	28-31㎜(편 길이)
월동태	알
출현기	6-8월초(연 1회)

♂ ◓

♂ ◒

♀ ◓

큰녹색부전나비

Favonius orientalis (Murray)
オオミドリシジミ

참나무 숲 주변에서 수컷은 오전 8시경부터 9시경까지 많이 활동하고, 오후 2시경 이후에도 활동한다. 가끔 계곡 습지에 내려와 물을 빤다. 텃세행동은 키 큰 참나무의 나뭇잎 위를 고집한다. 드물지만 밤나무와 사철나무 꽃에서 꿀을 빤다. 암컷은 낮은 위치의 참나무 잔가지와 가지 사이에 알을 하나씩 낳는다. 일본, 중국, 아무르 남부에 분포하고, 국내에는 제주도와 울릉도, 한반도 내륙에 분포한다. 먹이식물은 참나무과의 '신갈나무', '갈참나무'이다.

서식지	낮은 산지 숲 가장자리
개체수	흔함
날 개	**28-33㎜(편 길이)**
월동태	**알**
출현기	**6-8월(연 1회)**

깊은산녹색부전나비

Favonius korshunovi (Dubatolov & Sergeev)
オナガミドリシジミ

참나무가 많은 300-1,400m의 산지에 산다. 수컷은 산 정상에서 격하게 텃세행동을 하는 경우가 많은데, 어떤 때에는 수백 마리가 한꺼번에 다투기도 한다. 암컷은 다른 녹색부전나비류와 달리 나뭇가지 사이나 줄기의 팬 홈 등에 알을 하나씩 낳는다. 암컷 중에는 날개 윗면에 청색과 붉은색이 보이는 개체가 있다. 러시아 극동에 분포하고, 국내에는 지리산 이북 산지에 분포한다. 먹이식물은 참나무과의 '신갈나무', '갈참나무'이다.

서식지	산지, 숲 가장자리
개체수	매우 흔함
날 개	28-32㎜(편 길이)
월동태	알
출현기	6-8월초(연 1회)

검정녹색부전나비

Favonius yuasai Shirôzu
クロミドリシジミ

수컷은 녹색부전나비류 중에서 유일하게 날개 윗면이 검은 밤색을 띤다. 수컷은 굴참나무가 많은 숲 7-8m의 나무 꼭대기에서 해질 무렵 텃세행동을 한다. 암컷은 한낮에 나무 꼭대기에서 옆으로 뻗은 겨울눈 밑에 알을 하나씩 낳다가 숲 바닥의 습지에 내려와 물을 먹기도 한다. 일본과 중국 서부에 분포하고, 국내에는 경기도와 강원도, 충남 일부 지역, 서해 섬에 국지적으로 분포한다. 먹이식물은 참나무과의 '굴참나무', '상수리나무'이다.

♀

서식지	산지, 숲 가장자리
개체수	드묾
날 개	28-32㎜(편 길이)
월동태	알
출현기	6-9월초(연 1회)

♂

금강산녹색부전나비

Favonius ultramarinus (Fixsen)
ハヤシミドリシジミ

날개 윗면이 수컷은 밝은 녹색, 암컷은 흑갈색이며, 아랫면은 암수 모두 은날개녹색부전나비보다 색이 짙다. 참나무 숲에서 수컷은 오전과 오후에 약하게 텃세행동을 하다가 축축한 습지에 앉기도 한다. 암컷은 8월에서 9월 초경 먹이식물 겨울눈 자리 아래에 알을 하나씩 낳는다. 러시아 극동, 중국, 일본에 분포하고, 국내에는 지리산 이북 낮은 산지에 분포한다. 먹이식물은 참나무과의 '떡갈나무'이다.

서식지	낮은 산지 숲 가장자리
개체수	흔함
날 개	31-37㎜(편 길이)
월동태	알
출현기	6-9월초(연 1회)

넓은띠녹색부전나비

Favonius cognatus (Staudinger)
ヒロオビミドリシジミ

날개 아랫면에 있는 흰 띠가 비교적 넓고, 바탕색이 옅다. 낮은 산지의 참나무 숲이나 그 주변에서 수컷은 오전과 오후 3-5시경에 나무 꼭대기 부근의 잎 위에 앉아 강하게 텃세행동을 한다. 암컷은 잘 움직이지 않고 있다가 한낮에 나뭇가지나 줄기의 틈에 알을 하나씩 낳는다. 일본, 중국, 아무르에 분포하고, 국내에는 전라도 일부와 경기도, 강원도 일부 지역, 북부 지방에 분포한다. 먹이식물은 참나무과의 '갈참나무', '신갈나무'이다.

서식지	낮은 산지 숲 가장자리
개체수	흔함
날 개	29-35㎜(편 길이)
월동태	알
출현기	6-7월(연 1회)

우리녹색부전나비

Favonius koreanus Kim
チョウセンエゾミドリシジミ

필자인 김성수가 발표한 신종이다. 참나무가 많은 산지에서 수컷은 저녁 늦게 텃세행동을 하는데, 두 마리가 뒤엉켜 땅바닥까지 내려온다. 암컷은 검정녹색부전나비와 닮은 점이 많으며, 잘 움직이지 않고 먹이식물의 팔뚝만 한 줄기에 알을 하나씩 낳는다. 현재까지 한반도 고유종으로, 경기도와 강원도, 충청도 일부 지역에서만 소수의 개체가 관찰되고 있다. 먹이식물은 참나무과의 '굴참나무'이다.

서식지	산지, 숲 가장자리
개체수	매우 드묾
날 개	30-34㎜(편 길이)
월동태	알
출현기	6월 중순-8월(연 1회)

◓

♂ ◒

산녹색부전나비

Favonius taxilus (Bremer)
ジョウザンミドリシジミ

넓은띠녹색부전나비와 닮았으나 색이 짙고, 뒷날개의 흰 띠가 좁다. 참나무 숲의 계곡이나 등산로에 산다. 수컷은 오전에 텃세행동을 활발히 하며 이슬과 습지의 물을 먹는다. 드물게 개망초 꽃에서 꿀을 빠는 경우가 있다. 암컷은 먹이식물의 겨울눈 부위에 알을 하나씩 낳는다. 알에서 깨난 애벌레는 밤에 먹는 습성이 있다. 러시아 극동, 중국, 일본에 분포하고, 국내에는 전국의 산지에 분포한다. 먹이식물은 참나무과의 '신갈나무' 등이다.

♂ ◒

서식지 산지, 숲 가장자리
개체수 매우 흔함
날 개 30-34㎜(편 길이)
월동태 알
출현기 6월 중순-8월(연 1회)

♀ ◓

암컷, 흑갈색

♂ ◒

수컷, 청록색

민꼬리까마귀부전나비

Satyrium herzi (Fixsen)
チョウセンカラスシジミ

뒷날개에 꼬리 모양 돌기가 없어서 '민꼬리'라는 이름이 붙었다. 낙엽활엽수림의 계곡이나 그 주변 산길에서 수컷은 오후에 나무 위를 빠르게 날아다니며 그 밖의 시간대에는 나뭇잎 위에서 쉰다. 암컷은 먹이식물의 줄기나 가지에 알을 하나씩 낳는데, 이런 장면은 매우 보기 어렵다. 중국 동북부, 아무르에 분포하고, 국내에는 경기도, 강원도, 경상북도, 충청북도 일부 지역과 북부지방에 분포한다. 먹이식물은 장미과의 '귀룽나무', '털야광나무'이다.

서식지	산지, 숲 가장자리
개체수	흔함
날 개	26-30㎜(편 길이)
월동태	알
출현기	5-6월(연 1회)

꼬마까마귀부전나비

Satyrium prunoides (Staudinger)
ニセリンゴシジミ

참까마귀부전나비와 닮았으나 더 작고, 날개 아랫면에 붉은 기가 있으며, 흰 띠의 생김새가 다르다. 낙엽활엽수림 가장자리에 살며, 개망초와 큰까치수영 꽃을 잘 찾는다. 수컷은 산꼭대기에서 텃세행동을 강하게 한다. 암컷은 먹이식물 줄기의 갈라진 틈에 한 번에 여러 개의 알을 낳는다. 시베리아 남부, 몽골, 러시아 극동, 중국 동북부에 분포하고, 국내에는 경기도와 강원도 이북에 분포한다. 먹이식물은 장미과의 '조팝나무'이다.

♀ ◒

♂ ◒

서식지 산지, 숲 가장자리
개체수 흔함
날 개 **25-28㎜(편 길이)**
월동태 **알**
출현기 **6-7월(연 1회)**

벚나무까마귀부전나비

Satyrium pruni (Linnaeus)
リンゴシジミ

낙엽활엽수림 주변의 벚나무가 많은 곳에서 수컷은 한낮에 나뭇잎 위에 앉아 움직이지 않다가 늦은 오후에 활발하게 날아다니지만 텃세행동은 보이지 않는다. 가끔 큰까치수영과 어수리의 꽃에서 꿀을 빤다. 암컷은 먹이식물의 가는 가지 사이나 줄기에 알을 하나씩 낳는다. 유럽에서 몽골, 시베리아 남부, 아무르, 중국 동북부, 일본까지 분포하고, 국내에는 경기도와 강원도, 충청북도 일부 지역에 분포한다. 먹이식물은 장미과의 '벚나무', '왕벚나무'이다.

서식지	산지, 숲 가장자리
개체수	흔함
날 개	25-30㎜(편 길이)
월동태	알
출현기	5-6월(연 1회)

참까마귀부전나비

Satyrium eximia (Fixsen)
チョウセンツマアカカラスシジミ

날개 윗면이 검어서 '까마귀'라는 말이 잘 어울린다. 뒷날개 아랫면 후각 부근에 붉은 점과 꼬리 모양의 돌기가 있다. 낙엽활엽수림 가장자리에 살며, 개망초와 큰까치수영의 꽃에 잘 앉는다. 수컷은 넓은 공간에서 텃세행동을 하다가 축축한 습지에 잘 앉는다. 암컷은 먹이식물 가지의 홈에 한 번에 여러 개 알을 낳는다. 러시아 극동, 중국에 분포하고, 국내에는 지리산 일대와 중북 지방의 산지에 분포한다. 먹이식물은 갈매나무과의 '갈매나무'이다.

서식지	산지, 관목림 숲 가장자리
개체수	흔함
날 개	27-32㎜(편 길이)
월동태	알
출현기	6월 중순-8월초 (연 1회)

북방까마귀부전나비

Satyrium latior (Fixsen)
ヒメツマアカカラスシジミ

느릅나무가 많은 차가운 기후의 낙엽활엽수림 계곡이나 석회암 지대의 건조한 관목림에서 산다. 수컷은 능선이나 산길에서 텃세행동을 심하게 한다. 암수가 개망초 꽃에서 꿀을 빤다. 암컷은 낮은 위치의 먹이식물 가지나 줄기의 홈, 틈에 알을 하나 또는 수십개를 낳는다. 중국 동북부, 트랜스바이칼 남부, 아무르에 분포하고, 강원도 정선과 영월 일부 지역과 북부지방에 분포한다. 먹이식물은 갈매나무과의 '갈매나무'이다.

서식지	산지, 관목림
개체수	드묾
날 개	27-32㎜(편 길이)
월동태	알
출현기	6월 중순-7월(연 1회)

까마귀부전나비

Satyrium w-album (Knoch)
カラスシジミ

숲 주변이나 느릅나무가 많은 계곡에서 수컷은 태양을 향해 몸을 기울여 일광욕하며, 오후에 관목 위나 빈터의 나뭇잎 위에서 텃세행동을 하거나 습지에 날아와 물을 먹는다. 암수는 옹굿나물과 엉겅퀴, 개망초 등의 꽃에 날아와 꿀을 빤다. 암컷은 먹이식물의 가지 사이에 알을 1-7개씩 낳는다. 유럽에서 몽골 동부, 시베리아, 아무르, 중국 동북부, 일본까지 분포하고, 국내에는 경기도와 강원도에 분포한다. 먹이식물은 느릅나무과의 '느릅나무'이다.

서식지 **산지, 숲 가장자리**
개체수 **드묾**
날 개 **27-30㎜(편 길이)**
월동태 **알**
출현기 **6월 중순-7월(연 1회)**

♀

쌍꼬리부전나비

Spindasis takanonis (Matsumura)
キマダラルリツバメ

멸종위기종 2급

날개 윗면은 청색이 감도는 검은색이고, 아랫면은 노란색 바탕에 검은 줄무늬가 세로로 나타난다. 암컷은 수컷에 비해 날개 가장자리가 둥글다. 활엽수림 주변의 관목림에 산다. 낮 동안은 거의 움직이지 않다가 저녁 무렵 활발하게 날아다니며, 개망초, 큰까치수영 등의 꽃을 찾는다. 수컷은 텃세행동을 강하게 한다. 중국 서부, 일본에 분포하고, 국내에는 전남 광주 이북에 국지적으로 분포한다. 애벌레는 개미와 공생 관계다.

서식지	산지, 평지 숲 가장자리
개체수	드묾
날 개	27-34㎜(편 길이)
월동태	3령애벌레
출현기	6-7월 중순(연 1회)

범부전나비

Rapala caerulea (Bremer & Grey)
アカトラフシジミ

날개 윗면은 짙은 자갈색, 아랫면은 호랑이 가죽 무늬처럼 보인다. 흔하며, 봄형이 여름형에 비해 수가 더 많다. 파, 자운영, 개망초 등의 꽃에서 꿀을 빤다. 수컷은 양지바른 곳에서 텃세행동을 하며, 습지에 잘 모인다. 애벌레는 먹이식물의 꽃을 먹으며, 번데기가 될 때 먹이식물에서 내려와 주변의 낙엽이나 돌 밑으로 들어간다. 러시아 극동, 중국에 분포하고, 국내에는 전국에 분포한다. 먹이식물은 콩과의 '고삼', '조록싸리', 갈매나무과의 '갈매나무'이다.

서식지	평지, 산지 숲 가장자리
개체수	매우 흔함
날 개	30-34㎜(편 길이)
월동태	번데기
출현기	4월말-6월 7-8월(연 2회)

♀

♂

♀

울릉범부전나비

Rapala arata (Bremer)
トラフシジミ

제주도과 울릉도에만 보이며, 여러 꽃에 날아와 꿀을 빠는 습성이 매우 강하다. 이 밖의 생태적 특징은 범부전나비와 같을 것으로 보이나 관찰 자료는 적다. 다만 일본의 울릉범부전나비와 비교해 볼 때, 어른벌레의 차이 외에도 애벌레의 풀색 무늬가 범부전나비보다 더 짙고, 몸 가장자리에 붉은 무늬가 더 뚜렷한 특징이 있다. 일본, 중국 동부와 동북부, 사할린, 쿠릴 열도, 아무르에 분포한다. 먹이식물은 '콩과 식물'로 알려져 있다.

서식지	평지, 산지 숲 가장자리
개체수	드묾
날 개	30-34㎜(편 길이)
월동태	번데기
출현기	5-6월초, 7-8월 (연 2회)

담흑부전나비

Niphanda fusca (Bremer & Grey)
クロシジミ

날개 윗면은 짙은 흑갈색, 아랫면은 회색 바탕에 흑갈색 무늬가 얼룩진다. 엉겅퀴와 개망초 등의 꽃에서 꿀을 빤다. 수컷은 텃세행동을 강하게 한다. 암컷은 일본왕개미가 다니는 참나무 줄기에 알을 무더기로 낳는다. 트랜스바이칼 남부, 러시아 극동, 중국, 일본에 분포하고, 국내에는 전국에 분포한다. 1, 2령 애벌레 때는 진딧물의 단물을 먹다가 3령 애벌레 이후 일본왕개미 집에 들어가 개미에게 먹이를 얻어 먹고 사는 특이한 습성이 있다.

서식지	산지, 숲 가장자리
개체수	드묾
날 개	33-42㎜(편 길이)
월동태	애벌레
출현기	6월 중순-8월초 (연 1회)

♂ ◒

쇳빛부전나비

Callophrys ferreus (Butler)
コツバメ

날개 윗면은 청색이 감도는 검은색이고, 아랫면은 흑갈색으로 중앙에서 바깥쪽으로 흰 띠가 있다. 활엽수림 주변의 관목림에 산다. 이른봄 낮은 나무 위나 마른 풀잎 위를 어지럽게 날아다니며, 얼레지 등의 꽃을 찾는다. 수컷은 텃세행동을 하며 물가에 잘 앉는다. 암컷은 먹이식물의 가지 사이에 알을 하나씩 낳는다. 러시아 극동, 중국, 일본에 분포하고, 국내에는 제주도를 뺀 전국에 분포한다. 먹이식물은 진달래과의 '진달래', 장미과의 '조팝나무'이다.

서식지	산지, 평지 숲 가장자리
개체수	매우 흔함
날 개	25-28㎜(편 길이)
월동태	번데기
출현기	4-5월(연 1회)

북방쇳빛부전나비

Callophyrys frivaldszkyi (Kindermann)
ニセコツバメ

겉보기에는 쇳빛부전나비와 거의 닮았으나, 날개 아랫면의 흰 띠가 약하고 날개 바깥 가장자리가 더 굴곡져서 다르다. 쇳빛부전나비와 같은 환경에서 사나 훨씬 개체수가 적고, 한랭한 강원도에 치우쳐 분포하는 경향이 있다. 일광욕, 텃세행동, 꽃꿀을 빠는 여러 생태적 특징도 쇳빛부전나비와 거의 같다. 시베리아 남부, 몽골, 사할린, 중국 동북부에 분포하고, 국내에는 영월 이북의 강원도 산지에 분포한다. 먹이식물은 장미과의 '조팝나무'이다.

서식지	산지, 평지 숲 가장자리
개체수	드묾
날 개	25-29㎜(편 길이)
월동태	번데기
출현기	4-5월(연 1회)

작은주홍부전나비

Lycaena phlaeas (Linnaeus)
ベニシジミ, Small Copper

큰주홍부전나비보다 작고, 날개의 흑갈색 무늬가 더 질다. 여름형은 봄형보다 날개 색이 더 검다. 암수 차이는 없다. 산지와 평지의 풀밭에서 살며, 민들레와 개망초 등의 꽃에서 꿀을 빤다. 수컷은 재빠르게 날거나 풀잎 위에 앉아 텃세행동을 한다. 암컷은 먹이식물 뿌리 근처의 마른 풀에 하나씩 알을 낳는다. 아프리카 북부, 유라시아 대륙의 온대와 한대 지역, 북아메리카에 넓게 분포하고, 국내에는 전국에 분포한다. 먹이식물은 마디풀과의 '수영', '소리쟁이'이다.

서식지	마을, 평지, 강변 산지, 풀밭
개체수	매우 흔함
날 개	24-27㎜(편 길이)
월동태	애벌레
출현기	4-10월(연 수회)

물결부전나비

Lampides boeticus (Fabricius)
ウラナミシジミ, Long-tailed Blue

산 정상의 풀밭이나 낮은 지대의 양지바른 풀밭, 강둑, 사찰 주변에서 봄에는 잘 볼 수 없고 가을에 개체수가 많아진다. 수컷은 재빠르게 날며 국화꽃이나 풀잎 위에서 날개를 편 채로 텃세행동을 하는 경우가 많다. 민들레와 국화, 도깨비바늘 등 여러 꽃에 잘 모이나 물가에는 오지 않는다. 아시아, 아프리카, 유럽 남부에 걸쳐 분포하고, 국내에는 제주도와 한반도 남부에 분포하며, 중북부 지방에서도 이따금 관찰된다. 먹이식물은 콩과의 '편두'이다.

서식지	마을, 평지 해변, 풀밭
개체수	드묾
날 개	26-32㎜(편 길이)
월동태	모름
출현기	2월 중순-11월초 (연 2, 3회)

큰주홍부전나비

Lycaena dispar (Haworth)
オオベニシジミ, Large Copper

수컷은 날개 윗면 전체가 주황색이나 암컷은 검은 갈색의 점무늬가 발달해서 암수 차이가 뚜렷하다. 강둑 주위의 개망초와 미나리 등의 꽃에서 꿀을 빤다. 수컷은 재빠르게 날면서 텃세행동을 강하게 하며, 여러 마리가 뒤엉켜 난다. 암컷은 먹이식물 잎에 우윳빛 알을 낳는데, 알은 위에서 보면 십자 모양의 선이 보인다. 유럽에서 러시아 극동까지 넓게 분포하고, 국내에는 경기도와 강원도 북부에 분포한다. 먹이식물은 마디풀과의 '소리쟁이'이다.

♂ ◒

애벌레

번데기

서식지	마을, 평지 강변, 풀밭
개체수	흔함
날 개	28-34㎜(편 길이)
월동태	3령 애벌레
출현기	5-10월 (연 2, 3회)

♂ ◓

♀ ◓

남색물결부전나비

Jamides bochus (Stoll)
ルリウラナミシジミ

확 트인 풀밭에서 수컷은 텃세행동을 하는데, 물결부전나비보다 약하다. 암수는 꽃향유, 금불초, 익모초, 민들레 등의 꽃에서 꿀을 빨고, 그 주변에 앉아 쉰다. 암컷의 산란 습성은 매우 특이해서 알을 낳을 때 입에서 분비한 액체로 알을 싸는데, 한 군데에 몇 개씩 낳는다. 동양구와 오스트레일리아구에 넓게 분포한다. 제주도에서 최근 채집되어 기록됐으나, 우리나라에서는 정착하는 종은 아니고 미접으로 다룬다. 먹이식물은 콩과의 '팥'이다.

♂

서식지	마을, 평지, 풀밭
개체수	매우 드묾
날 개	28-34㎜(편 길이)
월동태	모름
출현기	2월 중순-11월초 (연 2, 3회)

소철꼬리부전나비

Chilades pandava (Horsfield)
クロマダラソテツシジミ

수컷은 날렵하게 날며, 밝은 장소에서 텃세행동을 심하게 하는데, 주위에 소철이 있으면 갓 날개돋이 하는 암컷과 짝짓기를 한다. 애벌레는 소철의 새싹을 파고 들어가 속을 파먹는데, 많이 발생하면 소철이 누렇게 변해 미관을 해친다고 해충으로 여기기도 한다. 인도와 스리랑카, 미얀마, 순다랜드, 네팔, 홍콩, 타이완, 중국 남부의 열대와 아열대 지역에 넓게 분포하고, 국내에는 최근 제주도에서 발견된 미접이다. 먹이식물은 소철과의 '소철'이다.

서식지	마을, 평지, 풀밭
개체수	매우 드묾
날 개	24-29㎜(편 길이)
월동태	모름
출현기	7월말-11월초 (연 2, 3회)

♂ ◓

♀ ◒

극남부전나비

Zizina otis (Fabricius)
シルビアシジミ

해안 주변 풀밭의 토끼풀, 벌노랑이, 땅채송화 등 여러 꽃에 잘 모이며, 수컷은 물가에 오는 경우가 있다. 바람이 심하면 움직이지 않으나 바람이 없고 맑은 날, 풀밭을 활발하게 날아다닌다. 날개 윗면은 수컷이 군청색을 띠나 암컷은 흑갈색을 띤다. 암컷은 벌노랑이 꽃봉오리에 알을 하나씩 낳는다. 동양구와 오스트레일리아구에 걸쳐 넓게 분포하고, 국내에는 제주도 일부 해안과 경북 동해안 일부, 충남 일부에 분포한다. 먹이식물은 콩과의 '벌노랑이', '토끼풀'이다.

서식지	평지, 해변, 풀밭
개체수	드묾
날 개	17-22㎜(편 길이)
월동태	애벌레
출현기	5-10월(연 2, 3회)

남방부전나비

Zizeeria maha (Kollar)
ヤマトシジミ

날개 윗면은 수컷이 밝은 회청색에서 청색으로 다양하지만 암컷은 흑갈색을 띠어 단순하다. 아랫면은 회갈색 바탕에 검은 점무늬가 독특하게 배열된다. 흔히 보이며 민들레, 개망초, 쑥부쟁이 등의 꽃에서 꿀을 빤다. 느리게 날다가 일광욕을 하기 위해 잎이나 줄기에 잘 앉으며, 뒷날개를 비비는 습성이 있다. 이란에서 인도, 동남아를 거쳐 동아시아까지 넓게 분포하고, 국내에는 서울 이남 지역에 분포한다. 먹이식물은 괭이밥과의 '괭이밥'이다.

서식지	평지, 마을, 도시 강변, 풀밭
개체수	매우 흔함
날 개	19-24㎜(편 길이)
월동태	애벌레
출현기	4-10월(연 3, 4회)

짝짓기

♂

♀

♀

먹부전나비

Tongeia fischeri (Eversmann)
クロツバメシジミ

날개 윗면은 암먹부전나비 암컷과 닮았으나 아랫면은 색이 더 짙다. 뒷날개에는 짧은 꼬리 모양의 돌기가 있다. 힘없이 날아다니지만 조그만 날개로 꽤 바쁘게 움직이면서 개망초, 토끼풀 등의 꽃에서 꿀을 빨며, 풀이나 바위 위에 날개를 반쯤 펴고 앉는 일이 많다. 수컷은 습지에서 물을 빠는 모습을 흔히 볼 수 있다. 러시아 동부 일부에서 사할린까지 분포하고, 국내에는 전국에 분포한다. 먹이식물은 돌나물과의 '바위채송화', '땅채송화'이다.

서식지	산지, 평지, 마을 도시, 강변, 풀밭
개체수	매우 흔함
날 개	19-22㎜(편 길이)
월동태	애벌레
출현기	4-10월(연 3, 4회)

암먹부전나비

Cupido argiades (Pallas)
ツバメシジミ, Short-tailed Blue

날개 윗면은 수컷이 밝은 남색, 암컷은 흑갈색이다. 아랫면은 암수가 같다. 봄의 개체는 여름 개체보다 날개 아랫면의 색이 흐리다. 암컷 중에는 날개 윗면 중실에 남색 무늬가 보이는 개체도 있다. 산지나 평지의 풀밭에서 싸리와 토끼풀 등 여러 꽃에서 꿀을 빤다. 수컷은 풀밭을 낮게 날아다니며 물가에서 물을 먹는다. 유럽에서 일본까지 온대 지역을 중심으로 넓게 분포하고, 국내에는 전국에 분포한다. 먹이식물은 콩과의 '갈퀴나물' 등이다.

서식지	산지, 평지, 마을 도시, 강변, 풀밭
개체수	매우 흔함
날 개	편 길이 20-27㎜
월동태	애벌레
출현기	3월말-10월(연 3, 4회)

♀

짝짓기

♂

♀

푸른부전나비

Celastrina argiolus (Linnaeus)
ルリシジミ, Holly Blue

날개 윗면은 쪽빛을, 아랫면은 은회색을 띠는데, 수컷은 날개 윗면이 밝은 청람색을, 암컷은 날개 가장자리 쪽으로 흑갈색이 짙다. 습지에 날아와 무리 짓는데, 짐승이나 새 똥에도 잘 모이며 라일락과 토끼풀 등 여러 꽃을 찾는다. 수컷은 텃세행동을 보인다. 암컷은 먹이식물의 꽃봉오리에 알을 낳고, 부화한 애벌레는 꽃을 먹는다. 유럽에서 극동 아시아까지 온대 지역에 넓게 분포하고, 국내에는 전국에 분포한다. 먹이식물은 콩과의 '싸리', '고삼'이다.

서식지	산지, 평지 숲 가장자리
개체수	매우 흔함
날 개	27-30㎜(편 길이)
월동태	번데기
출현기	3월말-10월 (연 3, 4회)

♂ ◓

♀ ◓

♀ ◓

회령푸른부전나비

Celastrina oreas (Leech)
アリサンルリシジミ

처음 발견된 함북 회령을 따서 이름이 붙여졌다. 건조한 관목림에서 수컷은 활발하게 날아다니며, 알칼리성이 강한 습지에 모이는데, 한 곳에 수백 마리가 무리 지을 때가 있다. 암수가 토끼풀과 조뱅이 등 여러 꽃에 날아와 꿀을 빤다. 암컷은 먹이식물의 가지가 갈라진 부위, 겨울눈 아래, 줄기 틈 등에 하나씩 알을 낳는다. 중국 중부와 동북부, 러시아 극동 남부에 분포하고, 국내에는 경북과 강원도 일부 지방에 분포한다. 먹이식물은 장미과의 '가침박달'이다.

서식지	산지, 관목림
개체수	흔함
날 개	28-32㎜(편 길이)
월동태	알
출현기	9월(연 1회)

♂ ◓

♂ ♀

◓짝짓기

산푸른부전나비

Celastrina sugitanii (Matsumura)
スギタニルリシジミ

푸른부전나비와 아주 닮았으나 조금 작고 날개 아랫면이 더 어두운 청색을 띤다. 낙엽활엽수림의 계곡 주변, 양지바른 곳에서 수컷은 일광욕을 하다가 습지에 잘 모이고, 암수 모두 냉이, 토끼풀 꽃에서 꿀을 빤다. 암컷은 잘 보이지 않는다. 애벌레는 먹이식물의 꽃봉오리를 먹고 나무 아래로 내려와 번데기가 되어 겨울을 난다. 중국, 일본, 타이완에 분포하고, 국내에는 지리산 이북 산지에 분포한다. 먹이식물은 운향과의 '황벽나무'이다.

서식지	산지, 숲 가장자리
개체수	흔함
날 개	25-29㎜(편 길이)
월동태	번데기
출현기	4-5월(연 1회)

♀

♂

한라푸른부전나비

Udara dilecta (Moore)
タッパンルリシジミ

푸른부전나비보다 조금 작으며, 수컷의 날개 윗면이 보라색이 들어 있는 밝은 청색인데, 앞날개와 뒷날개 중앙의 흰 무늬가 특징적이다. 암컷은 푸른부전나비의 봄형 개체와 닮아 보인다. 한라산 정상의 풀밭 백리향 꽃에서 꿀을 빨고, 수컷은 길가 축축한 곳에서 물을 먹는다. 파키스탄, 인도 북부, 미얀마, 태국, 말레이시아, 베트남, 중국, 타이완에 분포하며, 우리나라에서는 1990년에 제주도 한라산에서 한 차례 관찰되었던 미접이다.

서식지	산지, 풀밭
개체수	매우 드묾
날 개	22-25㎜(편 길이)
월동태	모름
출현기	8월(일시적)

♀

남방푸른부전나비

Udara albocaerulea (Moore)
サツマシジミ

수컷은 하늘색 바탕이고, 암컷은 검은 밤색 바탕이며, 암수 모두 날개 중앙의 색이 밝다. 풀밭에서 여러 꽃을 찾거나 습지에 모인다. 우리나라에서 관찰 기록이 거의 없어 생태적 자료는 부족하다. 히말라야에서 미얀마, 인도차이나 반도, 중국, 타이완, 일본에 분포하고, 국내에는 한라산 용진각(1500m)에서 한번 관찰된 적이 있을 뿐, 이후 발견되지 않고 있는 미접이다.

서식지	산지, 풀밭
개체수	매우 드묾
날 개	22-25㎜(편 길이)
월동태	모름
출현기	7-8월초(일시적)

♂ ◓

♀ ◓

작은홍띠점박이푸른부전나비

Scolitantides orion (Pallas)
ジョウザンシジミ, Chequered Blue

날개 윗면은 짙은 청색 바탕이고, 아랫면은 붉은 띠가 나타난다. 암컷이 수컷보다 조금 클 뿐 큰 차이는 없다. 민들레 등의 꽃에서 꿀을 빤다. 수컷은 습지에 잘 모이고, 날개를 반쯤 편 채로 일광욕을 하는 모습을 흔하게 볼 수 있다. 다 자란 애벌레는 주위에 개미가 모이거나 배설물이 있어 쉽게 찾을 수 있다. 유럽에서 일본까지 온대 지역에 분포하고, 국내에는 남부 해안과 섬을 뺀 전국에 분포한다. 먹이식물은 돌나물과의 '돌나물', '기린초'이다.

서식지	산지, 평지, 마을 강변, 풀밭
개체수	흔함
날 개	22-30㎜(편 길이)
월동태	번데기
출현기	4월 중순-7월 (연 2회)

큰홍띠점박이푸른부전나비

Shijimiaeoides divina (Fixsen)
オオルリシジミ

야산과 경작지 주변의 풀밭에서 수컷은 오전에 빠르게 날고, 무더운 낮에 그늘진 곳에서 쉬다가 오후 3시부터 꽃꿀을 빨거나 암컷을 찾아다닌다. 암컷은 천천히 날지만 더운 한낮에 그늘에서 쉰다. 암수가 개망초, 엉겅퀴, 고삼, 딸기류, 토끼풀, 꿀풀 등의 꽃에서 꿀을 빤다. 암컷은 꽃봉오리에 알을 하나씩 낳는다. 일본, 중국 동북부, 아무르 남부에 분포하고, 국내에는 중부 이북에 국지적으로 분포하는 희귀종이다. 먹이식물은 콩과의 '고삼'이다.

서식지	산지, 경작지 주변, 풀밭
개체수	매우 드묾
날 개	31-36㎜(편 길이)
월동태	번데기
출현기	5월 중순-6월초(연 1회)

♀ ◒

◒짝짓기

부전나비

Plebejus argyrognomon (Bergsträsser)
ミヤマシジミ

날개 윗면은 수컷이 짙은 청색이고, 암컷은 흑갈색인데, 바깥 부분에 붉은 띠가 있다. 아랫면은 암수 모두 붉은 띠가 뚜렷하다. 활발하게 날아다니면서 메밀, 갈퀴나물 등의 꽃에서 꿀을 빤다. 수컷은 날개를 반쯤 펴고 일광욕을 하며, 길바닥의 축축한 곳에 잘 모인다. 암컷은 먹이식물의 꽃봉오리에 알을 하나씩 낳는다. 유럽에서 극동아시아의 온대 지역에 분포하고, 국내에는 제주도를 뺀 전국에 분포한다. 먹이식물은 콩과의 '갈퀴나물'이다.

서식지	산지, 평지, 마을 강변, 풀밭
개체수	매우 흔함
날 개	27-31㎜(편 길이)
월동태	알
출현기	5월 중순-10월(연 3, 4회)

♂

♂ ◓

♀ ◓

산꼬마부전나비

Plebejus argus (Linnaeus)
ヒメシジミ, Silver-studded Blue

부전나비와 아주 닮았으나 조금 작고, 수컷은 날개 윗면의 청색이 더 강하고 날개 아랫면은 더 어두운 편이다. 뒷날개 아래 후각에 있는 붉은 점에 청색 비늘가루가 없다. 한라산 1,500m 이상의 풀밭에 산다. 수컷은 습지에 모이고, 암수 모두 금방망이, 곰취, 백리향 등의 꽃에서 꿀을 빤다. 유라시아 대륙 북부에 걸쳐 넓게 분포하고, 국내에는 한라산 아고산대와 한반도 동북부 지방에 분포한다. 먹이식물은 국화과의 '가시엉겅퀴'이다.

서식지	산지, 풀밭
개체수	드묾
날 개	32-40㎜(편 길이)
월동태	알
출현기	7월초-8월초 (연 1회)

◓ 짝짓기

♂ ◓

산부전나비

Plebejus subsolanus (Eversmann)
アサマシジミ

한랭한 풀밭에서 수컷은 활발하게 날면서 암컷을 탐색하러 다닌다. 암수가 기린초, 개망초, 엉겅퀴, 갈퀴나물, 꼬리풀 등 여러 꽃에서 꿀을 빤다. 암컷은 먹이식물 뿌리 근처의 마른 잎이나 줄기에 알을 하나씩 낳는다. 일본, 중국 동북부, 러시아 극동에서 바이칼 호까지 지역에 분포하고, 국내에는 한라산과 강원도 태백산, 북부지방에 분포하는 매우 희귀한 나비이다. 먹이식물은 콩과의 '갈퀴나물', '나비나물'이다.

서식지 산지, 풀밭
개체수 매우 드묾
날 개 28-33㎜(편 길이)
월동태 알
출현기 6월 중순-7월 중순 (연 1회)

고운점박이푸른부전나비

Maculinea teleius (Bergsträsser)
ゴマシジミ

낙엽활엽수림 가장자리나 계곡의 풀밭에서 수컷은 활발하게 날아다니며 암컷을 탐색한다. 암수가 오이풀, 엉겅퀴, 싸리 등의 꽃에서 꿀을 빤다. 암컷은 먹이식물의 꽃봉오리 속 깊이 알을 하나씩 낳으며, 애벌레는 개미와 공생한다. 일본, 중국 서북부와 동북부, 러시아 극동 지역, 몽골에서 유럽까지 넓게 분포하고, 국내에는 강원도 이북에 분포하는데, 과거보다 퍽 보기 어려워졌다. 먹이식물은 장미과의 '오이풀'이다.

♂

서식지	산지, 평지, 풀밭
개체수	매우 드묾
날 개	33-38㎜(편 길이)
월동태	애벌레
출현기	8월초(연 1회)

북방점박이푸른부전나비

Maculinea kurentzovi Sibatani, Saigusa & Hirowatari
ホウザンゴマシジミ

건조한 관목림 주변, 나무가 적은 양지바른 풀밭에서 산다. 수컷은 풀밭 위를 활발하게 날며 솔체꽃과 엉겅퀴, 오이풀의 꽃에서 꿀을 빨며, 오이풀에 앉아 짝짓기하는 장면을 한 번 관찰한 적이 있다. 애벌레는 개미와 관련이 깊을 것으로 보고 있다. 중국 동북부, 러시아의 우수리, 시베리아 남부, 몽골 동부에 분포하고, 국내에는 북한 양강도와 함경도, 강원도 영월, 오대산에 국지적으로 분포한다. 먹이식물은 장미과의 '오이풀'이다.

서식지	산지, 평지, 풀밭
개체수	매우 드묾
날 개	31-36㎜(편 길이)
월동태	애벌레(?)
출현기	8-9월초(연 1회)

♂

큰점박이푸른부전나비

Maculinea arionides (Staudinger)
オオゴマシジミ

낙엽활엽수림 가장자리에서 천천히 날다가 오리방풀, 방아풀, 냉초 등의 꽃에서 꿀을 빤다. 암컷은 습한 계곡에서 자라는 먹이식물의 꽃봉오리에 알을 하나씩 낳는다. 암수 차이는 별로 없으나 암컷이 수컷보다 날개 윗면의 색이 검은 경향이 있다. 일본, 중국 동북부, 아무르 남부에 분포하고, 국내에는 지리산 이북의 높은 산지에 분포한다. 유럽에서는 개체수가 줄어들어 보호하는 데 힘쓰고 있다. 먹이식물은 꿀풀과의 '오리방풀'이다.

서식지	산지, 풀밭
개체수	드묾
날 개	33-37㎜(편 길이)
월동태	애벌레
출현기	7월말-9월초(연 1회)

◓

♂◓

왕나비

Parantica sita (Kollar)
アサギマダラ

날개 윗면은 옅은 하늘색이 투명하게 보이는 가운데 검은색과 갈색이 어울려 있다. 수컷은 뒷날개 아랫면에 검은색 비늘가루로 된 성표가 나타난다. 숲 가장자리에서 유유히 날아다니기도 하고 산정에서 높게 배회하기도 한다. 흰색이나 적자색 꽃에 잘 모이며, 놀라면 하늘 높이 날아오르는 습성이 있다. 열대 아시아에 분포하고, 국내에는 제주도와 태백산맥까지 이동하여 여름을 보낸다. 먹이식물은 박주가리과의 '박주가리', '은조롱'이다.

♀ ◒날개돋이

♂ ◒

서식지	산지, 풀밭 숲 가장자리
개체수	흔함
날 개	70-82㎜(편 길이)
월동태	모름
출현기	5-9월초(연 2회)

뿔나비

Libythea lepita Moore
テングチョウ

날개 윗면은 흑갈색 바탕에 원, 막대 모양의 주황색 무늬가 있다. 날개를 접으면 낙엽처럼 보인다. 과일이나 동물 사체에 모이는 편인데, 늦가을이나 이른봄에는 꽃꿀을 빠는 경향이고, 한참 무더울 때와 겨울에는 잠을 잔다. 애벌레가 많을 경우 한 나무의 잎을 다 먹어치운다. 유럽 남부에서 극동아시아까지 따뜻한 온대 지역에 분포하고, 국내에는 북부지방을 뺀 전국에 분포한다. 먹이식물은 느릅나무과의 '팽나무', '왕팽나무', '풍게나무'이다.

서식지	산지, 숲 가장자리
개체수	매우 흔함
날 개	36-38㎜(편 길이)
월동태	어른벌레
출현기	6월-아듬해 5월(연 1회)

◒ 짝짓기

애벌레

◒ 날개돋이

♂ ◒

대만왕나비

Danaus melanippus (Cramer)
スジクロシロマダラ

왕나비와 매우 닮아 자세히 보지 않으면 구별하기 어렵다. 다만 왕나비보다 조금 작으며, 수컷 뒷날개 제2맥에 있는 성표인 초콜릿빛이 훨씬 짙다. 인도에서 베트남까지의 지역에 분포하고, 국내에는 제주도에서 한 번 기록된 것 외에는 다른 관찰 기록은 아직 없다. 애벌레는 '박주가리과'의 식물을 먹는 것으로 알려져 있다.

서식지	산지, 숲 가장자리
개체수	매우 드묾
날 개	68㎜(편 길이)
월동태	모름
출현기	9월(일시적)

♂ ◓

끝검은왕나비

Danaus chrysippus (Linnaeus)
カバマダラ

정원에 심는 금잔화 같은 꽃에 날아오거나 초가을에 풀밭 도깨비바늘꽃에서 꿀을 빠는 모습을 이따금 볼 수 있다. 수컷의 뒷날개 윗면 제2맥에 검은색 무늬의 성표가 있다. 일본 남부에서 동양구, 유럽 동남부, 아프리카, 오스트레일리아구의 넓은 지역에 분포하고, 경남 칠포와 충남 서산에서 관찰한 기록만 있으나 최근 경남과 전남 지역에서 몇 차례 관찰된 드문 미접이다. 애벌레는 박주가리과의 '솜아마존'을 먹는 것으로 알려져 있다.

서식지	산지, 평지, 풀밭 숲 가장자리
개체수	매우 드묾
날 개	58-61㎜(편 길이)
월동태	모름
출현기	8-9월(일시적)

♂

별선두리왕나비

Danaus genuita (Cramer)
スジクロカバマダラ

날개 가장자리에 검은 바탕의 흰 점무늬가 빽빽한데, 이를 보고 '별선두리'라고 부른다. 암수 모두 꽃에 날아오며, 빠르지 않게 활강하듯 난다. 수컷 뒷날개의 윗면 제2맥에 검은색 무늬의 성표가 있다. 동양구 전역과 오스트레일리아에 넓게 분포한다. 국내에는 제주도와 남해안 섬 지방에 드물게 관찰되는데, 일시적으로 정착하는 경우도 있어 가끔 많은 수를 관찰한 사례도 있다. 애벌레는 '박주가리과'의 여러 식물을 먹는 것으로 보인다.

서식지	산지, 평지, 풀밭 숲 가장자리
개체수	매우 드묾
날 개	58-61㎜(편 길이)
월동태	모름
출현기	8-9월(일시적)

♂ ◒

♀ ◓

봄어리표범나비

Melitaea britomartis Assmann
ヒメコヒョウモンモドキ, Assmann's Fritillary

여름어리표범나비와 닮았으나, 조금 작고 날개 색이 더 짙다. 무늬는 훨씬 조밀한 느낌을 준다. 개망초와 엉겅퀴 등의 꽃에서 꿀을 빨고, 수컷은 이따금 습지에 모여 물을 빨지만 흔하게 관찰되지 않는다. '어리'라는 말은 이 나비가 '큰표범나비류보다 작다'라는 뜻이다. 유라시아 대륙에 넓게 분포하고, 국내에는 과거에 섬 지방을 뺀 전국에 분포하다가 숲이 많아지면서 급속하게 줄어들었다. 먹이식물은 질경이과의 '질경이'이다.

서식지	산지, 풀밭
개체수	매우 드묾
날 개	34-40㎜(편 길이)
월동태	애벌레
출현기	5-6월초(연 1회)

♂ ◒

♀ ◒

♀ ◓

여름어리표범나비

Mellicta ambigua (Ménétriès)
コヒョウモンモドキ

날개는 적갈색 바탕에 검은색 줄무늬가 나타나며, 아랫면이 윗면보다 색이 밝다. 암컷은 수컷에 비해 더 크고 날개 가장자리가 둥그스름하다. 개망초와 엉겅퀴 등의 꽃에서 꿀을 빠는데, 이때 대개 날개를 폈다 접었다 하면서 꽃과 꽃 사이를 자주 옮겨 다닌다. 수컷은 이따금 도로의 습지에 모인다. 트랜스바이칼에서 사할린까지 분포하고, 국내에는 섬 지방을 뺀 전국에 분포하지만 요즈음 보기 어렵다. 먹이식물은 국화과의 '제비쑥'이다.

서식지	산지, 풀밭
개체수	매우 드묾
날 개	34-42㎜(편 길이)
월동태	애벌레
출현기	6-7월(연 1회)

♂

담색어리표범나비

Melitaea protomedia Ménétriès
ウスイロヒョウモンモドキ

풀밭에서 낮고 빠르게 날면서 엉겅퀴, 개망초, 냉초의 꽃에 날아온다. 꽃에 앉으면 한동안 잘 날아가지 않아 관찰하기 쉽다. 어리표범나비의 다른 종보다 날개 색이 어둡지만 덜 뚜렷하여 '담색어리'라는 이름이 붙었다. 중국 동부, 러시아 극동, 일본에 분포하고, 국내에는 과거에 제주도를 포함한 한반도 전 지역에 분포했으나 요즈음 강원도 산지에나 가야 겨우 볼 수 있을 정도로 매우 보기 어려워졌다. 먹이식물은 마타리과의 '마타리'이다.

서식지 산지, 풀밭
개체수 드묾
날 개 31-38㎜(편 길이)
월동태 애벌레
출현기 6-7월초(연 1회)

♂

암어리표범나비

Melitaea scotosia Butler
ヒョウモンモドキ

날개는 주황색 바탕에 검은 점무늬가 물결치듯 보이며, 암컷의 바탕색이 흑갈색으로 검어지는 경우가 있다. 산지의 건조한 풀밭에 핀 조뱅이, 엉겅퀴, 큰까치수영 등의 꽃에서 꿀을 빤다. 암컷은 먹이식물의 잎 뒤에 알 수십 개를 촘촘히 낳는다. 애벌레는 실을 토해 잎과 잎을 엮어 거미집같이 만들어 그 속에서 지낸다. 아무르 남부, 중국, 일본에 분포하고, 국내에는 강원도 영월 이북 지역에 분포한다. 먹이식물은 국화과의 '산비장이', '수리취'이다.

서식지	산지, 풀밭
개체수	드묾
날 개	38-43㎜(편 길이)
월동태	애벌레
출현기	6-7월초(연 1회)

♀ ◒

금빛어리표범나비

Euphydryas davidi (Oberthür)
チョウセンヒョウモンモドキ

암어리표범나비와 비슷하나 훨씬 작고, 날개가 가늘고 길어 보인다. 암컷은 날개가 검어 보이나 암어리표범나비처럼 짙지 않다. 풀밭에 핀 엉겅퀴, 조팝나무 등의 꽃에 날아와 꿀을 빤다. 수컷은 재빠르게 날다가 트인 곳의 관목 위에서 날개를 펴고 텃세행동을 한다. 암컷의 알 낳는 습성과 애벌레의 습성은 암어리표범나비와 같다. 트랜스바이칼에서 우리나라까지 분포하고, 국내에는 강원도 영월 이북에 분포한다. 먹이식물은 산토끼꽃과의 '솔체꽃'이다.

서식지	산지, 풀밭
개체수	드묾
날 개	31-40㎜(편 길이)
월동태	애벌레
출현기	5 월 중순-6월 중순 (연 1회)

♂ ◓

♀ ◒

작은은점선표범나비

Clossiana perryi (Butler)
チョウセンヒメヒョウモン

날개는 황토색 바탕에 검은 점무늬가 퍼져 있다. 뒷날개 아랫면은 은색 점무늬가 나타난다. 봄부터 가을까지 여러 꽃에 모여 꿀을 빨고 꽃 위를 낮게 천천히 날아다닌다. 봄보다 여름에서 가을에 걸쳐 수가 더 많아지는 경향이 있다. 암컷은 먹이식물 주변의 마른 풀줄기에 알을 낳으며, 깨난 애벌레는 한 마리씩 독립생활을 한다. 아무르 남부, 중국 동북부에 분포하고, 국내에는 지리산 이북 지역에 분포한다. 먹이식물은 제비꽃과의 '졸방제비꽃'이다.

서식지	산지, 평지, 강변 마을, 풀밭
개체수	흔함
날 개	32-34㎜(편 길이)
월동태	번데기
출현기	3월말-10월초(연 3회)

♂ ◓

◒ 짝짓기

큰은점선표범나비

Boloria oscarus (Eversmann)
ヘリボシヒョウモン

높은 산지의 풀밭이나 계곡 주변에서 활발하게 날아다니면서 민들레, 미나리아재비 등 여러 꽃에 찾아든다. 수컷은 한 장소를 배회하면서 암컷을 탐색하거나 습지에 날아온다. 암컷은 잘 날아다니지 않으며, 주로 외딴 풀밭에 핀 꽃에서 만날 수 있다. 시베리아 남부에서 몽골, 중국 동북부, 아무르, 사할린 북부에 분포하고, 국내에는 지리산 이북 산지에만 분포한다. 먹이식물은 제비꽃과의 여러 '제비꽃'들이다.

서식지	**산지, 풀밭**
개체수	**드묾**
날 개	**34-37㎜(편 길이)**
월동태	**애벌레**
출현기	**5월말-6월(연 1회)**

산꼬마표범나비

Boloria thore (Hübner)
ホソバヒョウモン

남한에는 태백산과 오대산, 설악산 등 숲이 무성한 산지에서 볼 수 있었으나 요즈음 매우 보기 어렵다. 날개는 적갈색 바탕에 검은 점이 발달하여 전체가 검어 보이기도 한다. 숲 가장자리를 재빨리 날아다니면서 주위의 여러 꽃에 날아오는데, 수컷은 습지에 잘 앉는다. 암컷은 먹이식물 둘레의 낙엽 사이에 알을 하나씩 낳는다. 유라시아 대륙의 한랭지에 분포하고, 국내에는 북한에 분포한다. 먹이식물은 제비꽃과의 여러 '제비꽃'들이다.

서식지	산지, 풀밭
개체수	매우 드묾
날 개	30-33㎜(편 길이)
월동태	애벌레
출현기	5월말-6월(연 1회)

◓

♂◓

작은표범나비

Brenthis ino (Rottemburg)
コヒョウモン

이름이 '작은'이라고 해도 사실 표범나비류 중에서는 중간 크기에 속하고, 다른 표범나비류보다 뒷날개 아랫면의 무늬가 뚜렷하지 않는 특징이 있다. 높은 산지에 핀 쥐똥나무, 기린초, 엉겅퀴의 꽃에서 꿀을 빤다. 수컷은 낮게 날다가 따뜻한 장소에 앉아 일광욕을 잘한다. 암컷은 먹이식물 잎 뒤에 알을 하나씩 낳는다. 유라시아 대륙의 온대 지역에 넓게 분포하고, 국내에는 강원도 영월 이북에 분포한다. 먹이식물은 장미과의 '터리풀', '오이풀'이다.

서식지	**산지, 풀밭**
개체수	**흔함**
날 개	**33-45㎜(편 길이)**
월동태	**애벌레**
출현기	**6-8월(연 1회)**

큰표범나비

Brenthis daphne Bergsträsser
ヒョウモン

작은표범나비에 비해서 조금 큰 정도로, 두 종의 생김새가 많이 닮아 날개에 있는 검은 점이 조금 작고, 바탕색이 엷어 조금 밝게 보이는 것 외에는 차이가 없다. 다만 작은표범나비보다 개체수가 퍽 적은 경향이어서 관찰할 기회가 매우 드물다. 유럽에서 시베리아, 중국 동북부, 일본까지 넓게 분포하고, 국내에는 지리산 이북 산지의 풀밭에서 이따금 발견된다. 먹이식물은 장미과의 '터리풀', '오이풀'이다.

서식지	산지, 풀밭
개체수	드묾
날 개	**35-47㎜**(편 길이)
월동태	애벌레
출현기	**6-7월**(연 **1**회)

◐

♀◐

흰줄표범나비

Argynnis laodice (Pallas)
ウラギンスジヒョウモン

날개 윗면은 황갈색 바탕에 검은 점이 뚜렷하다. 뒷날개 아랫면은 희미한 흰 줄무늬가 이어진다. 암컷은 날개 끝에 삼각형의 흰 점이 뚜렷하여 수컷과 다르다. 풀밭에 핀 엉겅퀴, 개망초 등의 꽃에 잘 날아온다. 수컷은 습한 곳이나 동물 배설물, 새똥에 잘 모이고, 암컷은 제비꽃 둘레의 약간 그늘진 마른 풀에 알을 하나씩 낳는다. 유럽 중부와 동부, 아무르, 중국, 일본에 분포하고, 국내에는 전국에 분포한다. 먹이식물은 제비꽃과의 여러 '제비꽃'들이다.

서식지	산지, 풀밭
개체수	매우 흔함
날 개	50-65㎜(편 길이)
월동태	알 또는 애벌레
출현기	6월 중순-10월 (연 1회)

큰흰줄표범나비

Argynnis ruslana Motschulsky
オオウラギンスジヒョウモン

흰줄표범나비와 닮았으나 상대적으로 날개 끝이 홀쭉해서 뾰족해 보이고, 뒷날개 아랫면의 흰 줄무늬가 떨어져 있어 다르다. 또한 같은 곳에서 살지만 개체수가 조금 적어 보인다. 꽃꿀을 빨 때에는 한번 놀라서 날아가더라도 가까운 곳에 앉아 있다가 주위가 조용해지면 다시 날아온다. 중국 동북부, 아무르, 쿠릴, 사할린, 일본에 분포하고, 국내에는 지리산 이북 산지에 분포한다. 먹이식물은 제비꽃과의 여러 '제비꽃'들이다.

서식지	산지, 풀밭
개체수	흔함
날 개	61-64㎜(편 길이)
월동태	알 또는 애벌레
출현기	6월 중순-9월 (연 1회)

구름표범나비

Argynnis anadiomene (C. & R. Felder)
クモガタヒョウモン

날개 아랫면 무늬가 다른 표범나비들과 달리 특별한 무늬가 없고 구름처럼 보인다고 이름 붙여졌다. 대형표범나비들 중 가장 이른 시기에 나타나 활동하지만 더운 시기에 여름잠을 자고 가을에 다시 활동하면서 생식활동을 한다. 여러 꽃에 날아오는 습성이나 수컷이 습지에 모이는 습성은 다른 표범나비들과 닮았다. 중국 동북부와 중부, 아무르, 일본에 분포하고, 국내에는 전국에 분포한다. 먹이식물은 제비꽃과의 여러 '제비꽃'들이다.

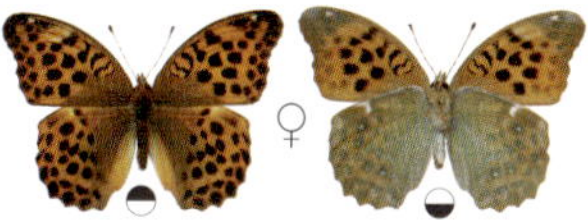

서식지	산지, 풀밭
개체수	흔함
날 개	54-64㎜(편 길이)
월동태	애벌레
출현기	5월말-9월(연 1회)

암검은표범나비

Argynnis sagana (Doubleday)
メスグロヒョウモン

수컷은 날개가 황갈색이나 암컷은 청색기가 도는 흑갈색인데, 암컷 날개의 흑갈색은 의태 현상으로 보인다. 남부 지방이나 섬에 개체수가 많으며, 산초나무와 엉겅퀴 등의 꽃에서 꿀을 빤다. 수컷은 빠르게 날다가 축축한 습지에서 모인다. 가을에 여름잠을 깬 암컷은 숲 속 나무 줄기에 알을 낳는다. 알타이, 트랜스바이칼, 아무르, 몽골, 중국, 일본에 분포하고, 국내에는 전국에 분포한다. 먹이식물은 제비꽃과의 여러 '제비꽃'들이다.

서식지	산지, 풀밭
개체수	흔함
날 개	54-64㎜(편 길이)
월동태	애벌레
출현기	6월 중순-9월 (연 1회)

♀ ◓

♂ ◓

은줄표범나비

Argynnis paphia (Linnaeus)
ミドリヒョウモン, Silver-washed Fritillary

날개 윗면은 황갈색에 검은 점무늬가 퍼져 있고, 뒷날개 아랫면은 은색 줄무늬가 있다. 수컷은 앞날개 윗면에 짙은 줄무늬로 된 성표가 나타나기도 하고, 암컷은 날개 윗면이 검어지기도 한다. 엉겅퀴와 큰까치수영 등의 꽃에서 꿀을 빨며, 오전에 날개를 펴고 잎에 앉아 일광욕한다. 암컷은 숲 속 나무 줄기에 알을 낳는다. 아프리카 북부, 유럽에서 일본까지 한랭한 초지에 분포하고, 국내에는 전국에 분포한다. 먹이식물은 제비꽃과의 '흰털제비꽃'이다.

서식지	산지, 풀밭
개체수	흔함
날 개	55-61㎜(편 길이)
월동태	알 또는 애벌레
출현기	6-9월(연 1회)

♂

♀ ◓

산은줄표범나비

Argynnis zenobia (Leech)
ヤマミドリヒョウモン

은줄표범나비와 닮았으나 훨씬 크고, 수컷 앞날개 윗면의 제1b, 2, 3맥에 성표가 있다. 암컷은 날개 바탕색이 어두운 녹색이다. 해발 700m 이상 산지에서 보인다. 큰까치수영과 참싸리 등의 꽃에서 꿀을 빤다. 수컷은 습한 곳에 잘 모이며, 암컷은 확 트인 곳보다 어두운 숲 속 트인 공간을 좋아한다. 연해주 남부, 중국에 분포하고, 국내에는 경기도, 강원도, 충북 이북에 분포한다. 먹이식물은 제비꽃과의 여러 '제비꽃'들이다.

♀

♂

서식지 산지, 풀밭
개체수 드묾
날 개 55-69㎜(편 길이)
월동태 애벌레
출현기 6월말-8월(연 1회)

은점표범나비

Argynnis niobe (Linnaeus)
ニオベウラギンヒョウモン

날개 윗면의 색과 무늬는 다른 표범나비와 닮았으나 아랫면은 뒷날개에서 은색 점무늬가 뚜렷하게 나타난다. 이 은색 무늬는 햇빛을 받으면 반짝인다. 햇볕이 잘 드는 풀밭 엉겅퀴와 큰수리취 등의 꽃에서 꿀을 빠는데, 이 밖의 습성은 다른 표범나비류와 같다. 암컷은 먹이식물인 제비꽃이나 그 둘레에 하나씩 알을 낳는다. 유럽에서 우리나라까지 넓게 분포하고, 국내에는 전국에 분포한다. 먹이식물은 제비꽃과의 여러 '제비꽃'들이다.

서식지	산지, 풀밭
개체수	흔함
날 개	53-60㎜(편 길이)
월동태	알 또는 애벌레
출현기	5월말-9월(연 1회)

♀ ◓

♀ ◓

♀ ◓

긴은점표범나비

Argynnis vorax (Butler)
ニセウラギンヒョウモン

수컷은 앞날개 윗면의 제2, 3맥에 가로 줄의 성표가 있다. 풀밭에서 다른 표범나비류와 마찬가지로 활발하게 날며, 큰까치수영와 개망초 등의 꽃에서 꿀을 빤다. 습지에 모이지만 그 성질은 약하다. 무더운 한여름에 잠을 자다가 가을에 다시 활동하지만 강원도 높은 산지에서는 잠 없이 계속 활동한다. 암컷은 가을에 알을 낳는다. 시베리아 남부, 러시아 극동, 몽골, 중국에 분포하고, 국내에는 전국에 분포한다. 먹이식물은 제비꽃과의 '털제비꽃'이다.

♂ ◒

♀ ◓

♂ ◓

서식지	**산지, 풀밭**
개체수	**흔함**
날 개	**52-63㎜(편 길이)**
월동태	**알 또는 애벌레**
출현기	**6-10월(연 1회)**

황은점표범나비

Argynnis addipe (Denis & Schiffermüller)
ウラギンヒョウモン

은점표범나비는 앞날개 맥에 있는 수컷의 성표가 1개인데 비해 2개이며, 이 밖의 특징은 두 종이 거의 닮았다. 한랭한 풀밭에서 여러 꽃에 날아오거나 수컷이 습지에 날아오는 습성이 있는데, 이 특징은 다른 표범나비류와 거의 같다. 발견된 개체가 적어 관찰된 기록이 매우 적다. 아프리카 북부와 유라시아 대륙의 타이가 기후대에 분포하고, 국내에는 강원도 이북 지방에 분포한다. 먹이식물은 제비꽃과의 여러 '제비꽃'들이다.

♂ ◒

서식지 산지, 풀밭
개체수 매우 드묾
날 개 60㎜ 정도(편 길이)
월동태 알 또는 애벌레
출현기 8월

왕은점표범나비

Argynnis nerippe (C. & R. Felder)
オオウラギンヒョウモン

멸종위기종 2급

은점표범나비와 달리 뒷날개 바깥선두리에 검은색 'M' 자 무늬가 나타나는 점이 특징이다. 경기도와 강원도 산지의 풀밭에 가면 이따금 볼 수 있으나 다른 곳에는 매우 드물어 환경부에서 지정한 법적 보호종이다. 엉겅퀴, 개망초, 코스모스 꽃에 모인다. 무더운 여름에는 잠을 자다가 서늘한 가을에 다시 활동한다. 연해주, 중국 중부와 동북부, 일본에 분포하고, 국내에는 전국에 분포한다. 먹이식물은 제비꽃과의 여러 '제비꽃'들이다.

서식지	산지, 평지, 풀밭
개체수	드묾
날 개	53-68㎜(편 길이)
월동태	알 또는 애벌레
출현기	6-9월(연 1회)

풀표범나비

Argynnis aglaja (Linnaeus)
ギンボシヒョウモン, Dark Green Fritillary

수컷 앞날개 윗면의 제1b, 2와 3맥에 검은 줄의 성표가 있다. 오전에는 습한 곳이나 새똥에 잘 모이며 대체로 활발하게 날아다닌다. 오후에는 수컷이 낮은 구릉에 모이는 습성이 있다. 엉겅퀴, 조뱅이, 개쉬땅나무 등의 꽃에서 꿀을 빤다. 다른 표범나비류와 달리 여름잠을 자지 않는 것으로 보인다. 아프리카 북부, 유럽에서 일본까지 한랭한 초지에 분포하고, 국내에는 지리산 이북 산지에 분포한다. 먹이식물은 제비꽃과의 여러 '제비꽃'들이다.

서식지	**산지, 평지, 풀밭**
개체수	**드묾**
날 개	**49-54㎜(편 길이)**
월동태	**알 또는 애벌레**
출현기	**6-9월(연 1회)**

♂

암끝검은표범나비

Argyreus hyperbius (Linnaeus)
ツマグロヒョウモン

날개 윗면은 수컷이 황갈색 바탕에 검은 점만 있지만 암컷은 날개 끝이 흑자색이어서 암수가 다르다. 여름에서 가을까지 중부지방에서도 볼 수 있지만 이듬해 봄에 보이지 않아 겨울을 나지 못하는 듯하다. 엉겅퀴와 큰까치수영 등의 꽃에서 꿀을 빤다. 수컷은 산 정상의 바위에 앉아 텃세행동을 한다. 아프리카 북부, 동양구, 오스트레일리아 북부에 넓게 분포하고, 국내에는 제주도, 남해안에 분포한다. 먹이식물은 제비꽃과의 여러 '제비꽃'들이다.

◓

♂ ◒

알

애벌레

서식지 평지, 마을, 풀밭
개체수 흔함
날 개 51-76㎜(편 길이)
월동태 특정한 형태는 없다.
출현기 2-11월초(연 3-4회)

번데기

♀ ◒

◒

줄나비

Limenitis camilla (Linnaeus)
イチモンジチョウ, White Admiral

앞날개는 검은 바탕에 세로로 흰 띠가 가로지른다. 아랫면은 적갈색 바탕에 흰 띠가 있다. 산지에서 빠르고 활발하게 나무 위를 날아다니며 수컷은 축축한 땅에서 물을 먹거나 산초나무 등의 꽃에서 꿀을 빤다. 때로는 새나 짐승 똥에 모이기도 한다. 암컷은 꽃에 오는 외에는 잘 날지 않는다. 유럽, 터키에서 일본까지 온대 지역에 분포하고, 국내에는 전국에 분포한다. 먹이식물은 인동과의 '올괴불나무', '각시괴불나무'이다.

서식지	산지, 숲 가장자리
개체수	매우 흔함
날 개	42-50㎜(편 길이)
월동태	애벌레
출현기	5-9월(연 2, 3회)

◓

♂◓

제이줄나비

Limenitis doerriesi Staudinger
デ-リスイチモンジ

제일줄나비와 아주 닮았으나 날개 윗면에 가로로 된 흰 막대무늬와 삼각형 무늬가 다르고, 아랫면의 붉은색 무늬도 조금 다르다. 생태 습성은 양 종이 거의 같으며, 산초나무와 조팝나무 등의 꽃에서 꿀을 빤다. 수컷은 활발하게 날다가 계곡의 습한 곳, 짐승 똥에 잘 모인다. 연해주 남부, 중국에 분포하고, 국내에는 섬 지방을 뺀 전국에 분포한다. 먹이식물은 인동과의 '괴불나무', '올괴불나무', '인동', 마편초과 '작살나무'이다.

서식지	산지, 숲 가장자리
개체수	매우 흔함
날 개	44-52㎜(편 길이)
월동태	애벌레
출현기	5월말-9월(연 2, 3회)

제일줄나비

Limenitis helmanni Lederer
ナガサキイチモンジ

제이줄나비와 생김새가 닮았다. 산지의 계곡, 물가, 산길 가장자리에 핀 산초나무 꽃에 잘 모인다. 수컷은 계곡의 습한 곳이나 짐승 똥에 잘 모이는데, 닮은 종들과 섞여 있어 종을 구별하기 어렵다. 암컷은 오후에 먹이식물 잎 뒤에 알을 하나씩 낳는데, 부화한 애벌레는 잎 위에 앉아 지낸다. 알타이, 아무르, 카자흐스탄, 몽골, 중국에 분포하고, 국내에는 전국에 분포한다. 먹이식물은 인동과의 '올괴불나무', '인동', '구슬댕댕이', '각시괴불나무'이다.

서식지	산지, 숲 가장자리
개체수	매우 흔함
날 개	46-53㎜(편 길이)
월동태	애벌레
출현기	5월말-9월(연 2, 3회)

♂ ◒

♀ ◒

제삼줄나비

Limenitis homeyeri Tancré
ホソオビイチモンジ

이 나비를 포함한 '제일', '제이'라는 말은 특별한 무늬나 습성 때문에 생겨난 것이 아니고, 종류가 너무 닮아 순서를 매기는 식으로 석주명이 이름 지었다. 이 나비는 제일줄나비와 제이줄나비보다 상대적으로 더 추운 곳에서 사는 습성이 있다. 중국 동북부와 중부, 아무르에 분포하고, 국내에는 강원도 산지에 분포한다. 먹이식물은 인동과의 여러 식물이다.

서식지	산지, 숲 가장자리
개체수	드묾
날 개	46-50㎜(편 길이)
월동태	애벌레
출현기	6월말-8월초(연 1회)

◓

♂◓

참줄나비

Limenitis moltrechti Kardakoff
チョセンイチモンジ

과거 일본 사람이 볼 때, 한국에만 있는 나비 앞에 '조선'이라는 말을 넣어 썼는데, 이를 석주명이 '참'으로 바꿨다. 수컷은 숲 길가의 바닥이나 나뭇잎 위에 앉아 있거나 텃세행동을 한다. 암컷은 먹이식물 주위에서 잘 날지 않고 있다가 잎 뒤에 하나씩 알을 낳는다. 중국 동북부, 연해주에 분포하고, 국내에는 충북 일부와 경기도, 강원도 지역에 분포한다. 먹이식물은 인동과의 '올괴불나무'이다.

서식지	산지, 숲 가장자리
개체수	흔함
날 개	48-55㎜(편 길이)
월동태	애벌레
출현기	6-8월초(연 1회)

참줄나비사촌

Limenitis amphyssa Ménétriès
シベリアイチモンジ

참줄나비와 닮았다고 '사촌'이라는 이름이 붙었다. 돌배나무 열매에서 나오는 즙을 빨아 먹는데, 수컷만 습지에 날아와 물을 빨아 먹는다. 암컷은 행동이 느리고 잘 보이지 않아 발견하기 어려우나, 먹이식물 주위에서 기다리면 먹이식물의 잎 뒤에 하나씩 알을 낳는 장면을 볼 수 있다. 중국 동북부, 아무르에 분포하고, 국내에는 강원도 백두대간에 분포한다. 먹이식물은 인동과의 '구슬댕댕이', '각시괴불나무', '올괴불나무'이다.

서식지 산지, 숲 가장자리
개체수 드묾
날 개 45-51㎜(편 길이)
월동태 애벌레
출현기 6월 중순-8월(연 1회)

♂

굵은줄나비

Limenitis sydyi Lederer
ヒロオビイチモンジ

줄나비와 닮은 모양이나 더 크고, 날개 가운데의 흰 띠가 훨씬 넓다. 조팝나무가 많은 숲 가장자리에서 재빨리 날아다니다가 싸리나무와 조팝나무 등의 꽃에서 꿀을 빤다. 수컷은 물가에 잘 모이고 오후에 산 정상에서 텃세행동을 한다. 암컷은 먹이식물의 새싹에 알을 하나씩 낳는다. 알타이 서부, 아무르, 연해주, 중국에 분포하고, 국내에는 섬과 해안을 뺀 지리산 이북 지역에 분포한다. 먹이식물은 장미과의 '조팝나무', '꼬리조팝나무'이다.

서식지 산지, 숲 가장자리
개체수 흔함
날 개 57-68㎜(편 길이)
월동태 애벌레
출현기 6-8월초(연 1, 2회)

왕줄나비

Limenitis populi (Linnaeus)
オオイチモンジ, Poplar Admiral

줄나비류 중에서 가장 크며, 암컷은 수컷보다 날개의 흰 색 띠 폭이 넓다. 높은 산지의 계곡에서 수컷은 축축한 물가에 잘 앉으며, 이따금 새나 짐승 똥에 모인다. 나는 힘이 강하여 계곡을 활강하여 지나가는 경우가 많은데, 앉아 있을 때 매우 민감하다. 암컷은 매우 보기 어렵다. 유라시아 대륙의 온대 지역에 분포하고, 국내에는 경기도 북부와 강원도 태백산맥 이북에 분포한다. 먹이식물은 버드나무과의 '황철나무'이다.

서식지	산지, 숲 가장자리
개체수	매우 드묾
날 개	57-68㎜(편 길이)
월동태	애벌레
출현기	6-7월(연 1회)

♂ ◓

홍줄나비

Seokia pratti (Leech)
ベニホシイチモンジ

잣나무 원시림이 있는 곳에서 수컷은 오전 중 도로에 날개를 펴고 앉아 일광욕을 하고, 주위의 썩은 과일이나 동물 배설물에 모인다. 10m 이상 높은 가지 끝에서 텃세행동을 한다. 암컷은 축축한 도로 위에 날아오거나 개망초와 어수리의 꽃에서 꿀을 빤다. 중국 동북부, 산시, 쓰촨, 후베이, 저장성 등지와 아무르, 우수리 지역에 분포하고, 국내에는 강원도 설악산과 오대산, 북한에 국지적으로 분포한다. 먹이식물은 소나무과의 '잣나무'이다.

서식지	산지, 숲 가장자리
개체수	매우 드묾
날 개	57-68㎜(편 길이)
월동태	애벌레
출현기	6월말-8월초(연 1회)

애기세줄나비

Neptis sappho (Pallas)
コミスジ

날개의 모양이나 색은 세줄나비와 닮았으나 크기가 훨씬 작으며, 맨 위의 흰 띠는 끊어져서 다르다. 산지의 계곡 주위를 천천히 날아다니면서 주로 흰 꽃에서 꿀을 빤다. 수컷은 약하게 텃세행동을 하고, 축축한 곳에 잘 모인다. 암컷은 날개를 편 상태에서 거꾸로 잎 끝으로 이동하여 잎 끝에 알을 하나씩 낳는다. 유라시아 대륙의 타이가 지역에 넓게 분포하고, 국내에는 전국에 분포한다. 먹이식물은 콩과의 '나비나물', '싸리', 벽오동과의 '벽오동'이다.

서식지	산지, 숲 가장자리
개체수	매우 흔함
날 개	42-48㎜(편 길이)
월동태	애벌레
출현기	5-9월(연 2, 3회)

◒짝짓기

♂◒

별박이세줄나비

Neptis pryeri Butler
ホシミスジ

앞날개는 애기세줄나비보다 둥글어 보이고 가장 위의 흰 띠는 4군데가 떨어져 있다. 뒷날개 아랫면 안쪽에 점들이 많다. 산지보다 밝은 길가나 논둑에 살며, 나무 사이를 천천히 활강하듯 날아다니면서 산초나무, 조팝나무 등의 꽃에서 꿀을 빤다. 수컷은 습지에 잘 오지 않으나 오디 같은 열매나 새똥에서 즙을 빠는 모습을 볼 수 있다. 중국과 일본에 분포하고, 국내에는 제주도를 뺀 전국에 분포한다. 먹이식물은 장미과의 '조팝나무'이다.

서식지	산지, 숲 가장자리
개체수	매우 흔함
날 개	43-49㎜(편 길이)
월동태	애벌레
출현기	5월말-9월(연 2회)

날개돋이

♂ ◓

개마별박이세줄나비

Neptis andetria Frustorfer
ウラグロホシミスジ

날개 아랫면의 바탕색이 더 짙은 것 외에는 별박이세줄나비와 거의 닮았으나 애벌레가 차이가 나 다른 종으로 분류된다. 강원도 산지에서는 두 종이 한 장소에서 발견되는 일이 있다. 생태적 습성도 별박이세줄나비와 거의 같은데, 관찰된 자료가 적어 비교 분석하기가 어렵다. 중국 동북부와 중부, 남부, 아무르에 분포하고, 국내에는 강원도 백두대간에 분포한다. 먹이식물은 장미과의 '조팝나무'이다.

서식지	산지, 숲 가장자리
개체수	드묾
날 개	43-47㎜(편 길이)
월동태	애벌레
출현기	6-8월(연 1회)

두줄나비

Neptis rivularis (Scopoli)
フタスジチョウ

날개는 흑갈색 바탕에 흰 띠가 별박이세줄나비와 같은 곳에서 두 줄로 보인다. 나는 모습이 독특해 천천히 활강하다가 홰를 치면서 날아다닌다. 특히 조팝나무 주위를 맴도는 경우가 많으며, 멀리 벗어나는 일은 별로 없다. 조팝나무 꽃에서 꿀을 빨고, 수컷은 습지와 새똥에 모이는 일도 있다. 유라시아 대륙의 온대 지역에 넓게 분포하고, 국내에는 섬 지방을 뺀 전국에 분포한다. 먹이식물은 장미과의 '조팝나무'이다.

서식지	산지, 평지, 관목림 주변
개체수	흔함
날 개	41-48㎜(편 길이)
월동태	애벌레
출현기	5월말-8월(연 1회)

높은산세줄나비

Neptis speyeri Staudinger
スバイヤ-ミスジ

세줄나비와 닮았으나 조금 작고, 앞날개 맨 위의 흰 띠무늬는 끝 부분이 굴곡진다. 높은 산지의 계곡이나 숲 가장자리를 유유히 날아다니며, 다른 세줄나비류보다 귀하다. 여러 흰 꽃에 날아오고, 수컷은 습지에 날아와 앉는다. 애벌레가 월동할 때에는 먹이식물의 마른 잎을 실로 매단 채 그 안에서 지낸다. 아무르, 우수리, 중국 동북부에 분포하고, 국내에는 지리산 이북 산지에 분포한다. 먹이식물은 자작나무과의 '까치박달'이다.

서식지	산지, 숲 가장자리
개체수	드묾
날 개	47-52㎜(편 길이)
월동태	애벌레
출현기	6-7월(연 1회)

♂

세줄나비

Neptis philyra Ménétriès
ミスジチョウ

왕세줄나비와 닮았으나 조금 작고 날개 윗면 맨 위의 흰 띠가 단순하게 생겼다. 낮은 산지의 계곡이나 숲 가장자리 길가에서 물을 먹거나 오물, 썩은 과일 등에서 즙을 빠는 습성이 강하다. 꽃에 잘 날아오지 않지만 성질이 급하지 않아 나무 사이를 천천히 활강하듯 날아다니므로 관찰하기 쉽다. 아무르, 중국, 일본에 분포하고, 국내에는 섬 지방을 뺀 전국에 분포한다. 먹이식물은 단풍나무과의 '단풍나무', '고로쇠나무'이다.

서식지	산지, 숲 가장자리
개체수	흔함
날 개	51-58㎜(편 길이)
월동태	애벌레
출현기	5월말-7월초(연 1회)

참세줄나비

Neptis philyroides Staudinger
チョウセンミスジ

세줄나비와 닮았으나 조금 작고 날개의 흰 점무늬 생김새가 조금 다르다. 세줄나비와 같은 곳에서 두 종이 섞여 사는 경우가 많다. 습지에서 물을 빨아 먹거나 등산객이 버린 쓰레기터에 잘 날아오며, 썩은 과일이나 오디 같은 잘 익은 열매에도 잘 모인다. 이 밖의 특징은 세줄나비와 같다. 아무르, 중국에 분포하고, 국내에는 섬 지방을 뺀 전국에 분포한다. 먹이식물은 자작나무과의 '까치박달', '서어나무', '개암나무', '참개암나무'이다.

◓

서식지	산지, 숲 가장자리
개체수	매우 흔함
날 개	49-56㎜(편 길이)
월동태	애벌레
출현기	5월말-7월초(연 1회)

왕세줄나비

Neptis alwina (Bremer & Grey)
オオミスジ

날개 윗면은 검은색 바탕에 흰 띠가 가로로 세 줄이 있다. 그중 맨 위 띠는 윗부분이 삐쳐 보인다. 암컷은 날개 끝이 둥글어 수컷과 다르다. 산지에서 힘차게 활강하듯 날아다니다가 산초나무와 쥐똥나무 등의 꽃에서 꿀을 빤다. 수컷은 물가에 잘 모이고, 암컷은 먹이식물 잎 뒤에 알을 하나씩 낳는다. 아무르 남부, 몽골 동부, 중국, 일본에 분포하고, 국내에는 섬을 뺀 전국에 분포한다. 먹이식물은 장미과의 '복숭아나무' 등이다.

서식지	산지, 평지, 마을 숲 가장자리
개체수	매우 흔함
날 개	**67-71㎜(편 길이)**
월동태	애벌레
출현기	**6월 중순-8월(연 1회)**

황세줄나비

Neptis thisbe Ménétriès
オオキイロミスジ

왕세줄나비보다 작고 애기세줄나비보다 훨씬 크다. 날개 윗면의 세 줄무늬는 뚜렷한데, 조금 노란색기가 있으며, 아랫면은 더 뚜렷하게 노란색을 띤다. 참나무가 우거진 곳에서 수컷은 산 길 둘레나 나무 위를 빠르게 날아다니며 약간 그늘진 바위 위의 축축한 곳에 모이고, 개구리 사체나 새똥에 모여 즙을 빤다. 아무르, 중국에 분포하고, 국내에는 섬 지방을 뺀 전국에 분포한다. 먹이식물은 참나무과의 '졸참나무'이다.

◒

서식지	산지, 숲 가장자리
개체수	매우 흔함
날 개	49-61㎜(편 길이)
월동태	애벌레
출현기	6-8월(연 1회)

♂ ◓

산황세줄나비

Neptis themis (Leech)
ヒメキイロミスジ

황세줄나비와 닮았으나 조금 작고 노란 띠무늬의 폭이 좁다. 황세줄나비보다 높은 산지의 계곡에 사는데, 한 장소에서 두 종을 볼 때가 많다. 꽃에 날아오는 것보다는 땅에 앉아 있는 모습을 볼 때가 많다. 숲 가장자리를 유유히 날면서 나뭇잎에 앉았다 날았다를 반복한다. 아무르, 연해주, 중국, 타이완에 분포하고, 국내에는 지리산 이북의 산지에 분포한다. 먹이식물은 참나무과 식물로 추정하나 아직 밝혀지지 않고 있다.

서식지	산지, 숲 가장자리
개체수	흔함
날 개	**47-58㎜(편 길이)**
월동태	애벌레(?)
출현기	**6-8월(연 1회)**

♂ ◓

♀ ◒

중국황세줄나비

Neptis tshetvericovi Kurentzov
ノムラキイロミスジ

이름에 '중국'이라는 말은 처음 발견한 장소를 나타내기 위해서이다. 전체 날개의 노란색이 다른 황세줄나비보다 훨씬 짙어 갓 날개돋이 한 개체를 보면 황금빛이 난다. 습성은 다른 황세줄나비와 닮았으나 개체수가 매우 드문 까닭에 관찰된 기록이 적어 생태의 많은 부분을 모르고 있다. 연해주와 중국에 분포하고, 국내에는 강원도 오대산과 계방산 이북에 분포한다. 먹이식물은 참나무과 식물로 추정한다.

서식지	산지, 숲 가장자리
개체수	매우 드묾
날 개	49-59㎜(편 길이)
월동태	애벌레(?)
출현기	6월 중순-8월(연 1회)

어리세줄나비

Aldania raddei (Bremer)
スジグロミスジ

날개는 맥을 따라 검은 줄이 뚜렷한 생김새가 다른 세줄나비들과 다르다. 수컷은 날개 기부가 암컷보다 더 검다. 수컷은 물가나 습지에서 물을 빨아 먹으며, 야생동물의 배설물에도 모이는데 다가가면 재빠르게 날아갔다가 잠시 후 다시 오는 습성이 있다. 오후가 되면 나무 사이를 활발히 날아다닌다. 암컷은 보기 힘들다. 아무르, 중국 동북부에 분포하고, 국내에는 충북 이북에 분포한다. 먹이식물은 느릅나무과의 '느릅나무'이다.

서식지	산지, 숲 가장자리
개체수	드묾
날 개	62-69㎜(편 길이)
월동태	애벌레
출현기	5-6월(연 1회)

♂

♂

북방거꾸로여덟팔나비

Araschnia levana (Linnaeus)
アカマダラ, Map Butterfly

날개는 봄형이 적갈색, 여름형이 흑갈색 바탕을 한다. 산지의 쉬땅나무, 개망초, 큰까치수영 등의 흰 꽃에 모여 꿀을 빤다. 놀라면 나무 위로 올라가는 습성이 있으나 잠시 후 되돌아온다. 수컷은 산 정상에도 잘 모이는데, 다른 수컷이 영역 안으로 들어오면 심하게 텃세를 부린다. 유라시아 대륙의 온대 지역에 넓게 분포하고, 국내에는 지리산 이북 지역에 분포한다. 먹이식물은 쐐기풀과의 '가는잎쐐기풀'이다.

서식지	산지, 숲 가장자리
개체수	드묾
날 개	29-44㎜(편 길이)
월동태	번데기
출현기	5-8월(연 2회)

♂ ☼

봄형,
붉은 바탕색

♂

거꾸로여덟팔나비

Araschnia burejana Bremer
サカハチチョウ

북방거꾸로여덟팔나비와 닮아 구별하기 어려우나 더 크고, 날개의 띠무늬가 다르다. 봄과 여름에 다른 모습의 계절형이 나타난다. 고추나무, 쉬땅나무, 마타리 등의 꽃에서 꿀을 빠는데 특히 흰 꽃을 좋아한다. 수컷은 풀에 앉아 일광욕을 하거나 습지에 모인다. 암컷은 먹이식물의 잎 뒤에 여러 알을 층층이 낳아 붙인다. 아무르, 사할린, 중국, 일본에 분포하고, 국내에는 해안을 뺀 내륙 산지에 분포한다. 먹이식물은 쐐기풀과의 '거북꼬리'이다.

서식지	산지, 숲 가장자리
개체수	매우 흔함
날 개	33-40㎜(편 길이)
월동태	번데기
출현기	5-8월초(연 2회)

네발나비

Polygonia c-aureum (Linnaeus)
キタテハ

날개는 적갈색 바탕에 검은 점이 많다. 여름과 가을의 계절형이 뚜렷한데, 가을형 쪽이 날개 색이 짙어지고 날개 가장자리 각이 더 진다. 여름형은 나뭇진에 잘 모이고, 가을형은 구절초 등의 꽃에서 꿀을 빨거나 썩은 감에서 즙을 먹는다. 이듬해 봄, 암컷은 새싹이나 줄기에, 여름형 암컷은 먹이식물 잎 위에 알을 하나씩 낳는다. 아무르 남부, 중국, 일본, 인도차이나 반도에 분포하고, 국내에는 전국에 분포한다. 먹이식물은 삼과의 '환삼덩굴'이다.

서식지	마을, 풀밭 평지와 낮은 산지 숲 가장자리
개체수	매우 흔함
날 개	54-63㎜(편 길이)
월동태	어른벌레
출현기	3-11월초(연 3회)

♀ ◓ ☼

♀ ◒

☼

번데기

산네발나비

Polygonia c-album (Linnaeus)
シ-タテハ, Comma

네발나비와 생김새가 비슷하나 날개의 바탕색이 더 붉고, 점무늬가 약간 다르다. 가을형이 여름형에 비해 날개 아랫면의 바탕색이 짙다. 수컷은 물가에서 물을 먹으며, 오후에 해질 무렵까지 낮은 나무 위를 빠르게 날면서 텃세를 부린다. 큰까치수영, 구절초, 쥐손이풀 등의 꽃에서 꿀을 빤다. 유라시아 북부에 넓게 분포하고, 국내에는 지리산 이북 산지에 분포한다. 먹이식물은 느릅나무과의 '느릅나무', '난티나무'이다.

서식지	산지, 숲 가장자리
개체수	흔함
날 개	52-60㎜(편 길이)
월동태	어른벌레
출현기	4-11월초(연 2, 3회)

갈구리신선나비

Nymphalis l-album (Esper)
エルタダテハ, Comma Tortoiseshell, False Comma

들신선나비와 닮았으나 조금 작고, 날개 색이 더 어둡다. 뒷날개 윗면 중앙에 흰 띠무늬가 뚜렷하다. 높은 산지의 숲 가장자리에서 일광욕을 하거나 습지에 날아와 물을 먹는데, 개체수가 드물어 관찰 기록이 적다. 어른벌레로 겨울을 나고 이른봄에 나뭇진에 모이기도 하는데 꽤 보기 어렵다. 유럽에서 중국 동북부, 러시아 극동과 북아메리카 대륙에 분포하고, 국내에는 강원도 높은 산지에 분포한다. 먹이식물은 느릅나무과의 여러 식물이다.

서식지	산지, 숲 가장자리
개체수	매우 드묾
날 개	62-68㎜(편 길이)
월동태	어른벌레
출현기	7월-이듬해 5월 (연 1회)

들신선나비

Nymphalis xanthomelas (Denis & Schiffermüller)
ヒオドシチョウ

날개 아랫면은 희미한 흑갈색으로 낙엽처럼 보이지만 윗면은 적갈색 바탕에 검은 점이 어울려 아름답다. 낙엽활엽수림의 계곡, 산길 둘레의 확 트인 곳에서 수컷은 잘 앉으며 텃세행동을 한다. 계곡의 버드나무에서 이따금 다 자란 애벌레를 볼 수 있으며, 한 나무의 잎들을 모두 먹어 치운 경우도 있다. 유라시아 대륙 북부에 넓게 분포하고, 국내에는 섬과 해안을 뺀 전국에 분포한다. 먹이식물은 버드나무과의 '버드나무', '호랑버들'이다.

서식지	**산지, 숲 가장자리**
개체수	**드묾**
날 개	**65-73㎜(편 길이)**
월동태	**어른벌레**
출현기	**6월-이듬해 4월 (연 1회)**

♂ ◒

♀ ◓

신선나비

Nymphalis antiopa (Linnaeus)
キベリタテハ, Mourning Cloak, Camberwell Beauty

날개 가장자리가 노란색을 띠어 '신부' 옷깃을 연상시킨다고 붙여진 이름이었으나 후학자가 신선 같은 이미지를 돋보이게 하기 위해 이름을 바꿨다. 남한에서는 강원도 설악산, 광덕산, 해산 등 몇몇 장소에서 보이는데, 서식 여부를 판단하기 쉽지 않다. 원래 한랭한 기후에 적응한 종이어서 북한 높은 지역에서 발견된다. 계곡에 날아와 물을 마시는데, 인기척에 놀라면 곧게 날아간다. 먹이식물은 버드나무과의 '황철나무'이다.

서식지	산지, 숲 가장자리
개체수	매우 드묾
날 개	59-68㎜(편 길이)
월동태	어른벌레
출현기	7월-이듬해 5월 (연 1회)

청띠신선나비

Kaniska canace (Linnaeus)
ルリタテハ

뒷날개는 들신선나비보다 더 짙은 정도이지만 윗면은 검은 바탕에 청색 띠무늬가 굵게 나타나 아주 다르다. 수컷은 해질 무렵까지 텃세행동을 하며 다른 나비를 심하게 쫓는다. 축축한 습지에 잘 오며, 참나무 진이나 수박 등의 과일에도 잘 모인다. 암컷은 먹이식물의 새싹에 알을 하나씩 낳는다. 아시아 동부와 동남부에서 아무르 남부까지 분포하고, 국내에는 전국에 분포한다. 먹이식물은 백합과의 '청가시덩굴', '청미래덩굴'이다.

애벌레

날개돋이

서식지 산지, 숲 가장자리
개체수 매우 흔함
날 개 57-69㎜(편 길이)
월동태 어른벌레
출현기 6월-이듬해 4월 (연 2회)

♂ ◒

공작나비

Aglais io (Linnaeus)
クジャクチョウ, Peacock

선명한 붉은색 바탕에 앞날개와 뒷날개 앞쪽 가장자리 중앙에 청색 눈알 무늬가 있어 마치 '공작새' 날개에 있는 무늬처럼 보인다고 붙여진 이름이다. 산 능선과 정상 부근에 피어 있는 큰까치수영과 쉬땅나무 등의 흰 꽃에 날아와 꿀을 빠는데, 흔하지 않다. 수컷은 물가에 날아와 앉는데, 한번 놀라면 재빨리 날아가므로 자세히 관찰하려면 조심스레 다가서야 한다. 먹이식물은 뽕나무과의 '홉'이다.

서식지	산지, 숲 가장자리
개체수	매우 드묾
날 개	57㎜ 안팎(편 길이)
월동태	어른벌레
출현기	7월-이듬해 4월 (연 1회)

남방공작나비

Junonia almana (Linnaeus)
タテハモドキ, Peacock Pansy

날개에 큰 눈알 무늬가 있는데, 공작나비와 달리 날개 중앙에 있다. 중국 남부와 일본, 타이완에서 날아오는 미접으로, 늦여름과 초가을에 남쪽 지방과 제주도에서 희귀하게 발견된다. 가을에 발생하는 개체는 날개 끝이 예리하게 변하고, 바탕색이 짙어진다. 외국에서는 이 나비가 꽃에 날아와 꿀을 빠는 장면을 많이 볼 수 있다고 한다. 우리나라에서는 관찰된 기록이 거의 없다.

서식지	마을, 풀밭 평지와 낮은 산지
개체수	매우 드묾
날 개	59㎜ 안팎(편 길이)
월동태	어른벌레
출현기	7-9월(연 2회)

남방남색공작나비

Junonia orithya (Linnaeus)
アオタテハモドキ, Eyed Pansy, Blue Pansy

남방공작나비와 달리 날개가 청보랏빛이며, 암컷은 붉은 빛을 머금은 짙은 갈색을 띠기도 한다. 동양구와 오스트레일리아 북부, 아프리카에 넓게 분포하며, 우리나라에 여름에서 가을까지 제주도와 남해 섬 지방에 날아와 살다가 겨울을 넘기지 못하고 죽는 것으로 보인다. 양지바른 풀밭에 살며, 그 주변 여러 꽃에 날아와 꿀을 빤다. 수컷은 공간을 점유하는 텃세행동을 하며, 이따금 습기 있는 바닥에 앉는다.

서식지	평지와 낮은 산지
개체수	매우 드묾
날 개	59㎜ 안팎(편 길이)
월동태	어른벌레
출현기	7-11월(연 2회)

♂

♀

♂

쐐기풀나비

Aglais urticae (Linnaeus)
コヒオドシ, Small Tortoiseshell

'쐐기풀'이라는 이름은 먹이식물을 뜻하며, 잎을 잘못 건드리면 쐐기나방 애벌레가 쏜 것처럼 아리다. 산지의 숲 가장자리에 핀 큰까치수영과 엉겅퀴 꽃에 날아와 꿀을 빨거나 수컷만 습지에 앉는다. 남한에서는 매우 귀하나 북한에서는 고산지에 많아 관찰하기 쉽다. 유라시아 대륙의 한랭 지역에 걸쳐 넓게 분포하고, 국내에는 설악산 이북 산지에 분포한다. 먹이식물은 쐐기풀과의 '쐐기풀'이다.

서식지	산지, 숲 가장자리
개체수	매우 드묾
날 개	54㎜(편 길이)
월동태	어른벌레
출현기	7월-이듬해 4월 (연 1회)

♂

작은멋쟁이나비

Cynthia cardui (Linnaeus)
ヒメアカタテハ, Painted Lady

큰멋쟁이나비와 닮았지만 작고 날개 색이 훨씬 옅어 다르다. 풀밭, 길가, 강둑 둘레에 살며 매우 흔하다. 토끼풀, 국화, 엉겅퀴, 가시여뀌, 코스모스 꽃에서 꿀을 빤다. 암컷은 길 위를 낮게 날아다니다가 먹이식물의 잎에 앉아 먹이식물을 확인한 다음 배를 구부려 잎 위에 알을 하나씩 낳는다. 애벌레는 쑥 잎을 보자기처럼 싸고 그 속에서 지낸다. 전 세계에 걸쳐 넓게 분포하고, 국내에는 전국에 분포한다. 먹이식물은 국화과의 '떡쑥'이다.

♂ ◒

애벌레

서식지 산지, 평지, 마을, 강변
숲 가장자리, 풀밭
개체수 매우 흔함
날 개 52-61㎜(편 길이)
월동태 어른벌레
출현기 6월-이듬해 5월(연 수회)

♂

큰멋쟁이나비

Vanessa indica (Herbst)
アカタテハ

날개 아랫면은 그물 같은 무늬가 있고 윗면은 검은색, 붉은색, 밤색, 흰색이 잘 어울린다. 참나무 진이나 썩은 과일, 오물 등에 잘 모이며 국화, 엉겅퀴의 꽃에서 꿀을 빤다. 외따로 떨어진 마을의 담이나 축대 위에 곧잘 앉으며, 인기척에 놀라면 곧바로 날아간다. 아무르 남부, 몽골 동부, 중국, 일본 등지에 분포하고, 국내에는 전국에 분포한다. 먹이식물은 쐐기풀과의 '거북꼬리', '가는잎쐐기풀', 느릅나무과의 '느릅나무'이다.

서식지	산지, 평지, 마을, 강변 숲 가장자리, 풀밭
개체수	매우 흔함
날 개	62-67㎜(편 길이)
월동태	어른벌레
출현기	6월-이듬해 4월(연 수회)

암붉은오색나비

Hypolimnas misippus (Linnaeus)
メメスアカムラサキ

암컷은 '끝검은왕나비'와 닮았는데, 몸을 보호하기 위해 의태를 하는 것이다. 이와 달리 수컷은 청보랏빛 날개에 중앙과 날개 끝 부위에 흰 무늬가 있는데, 보는 각도에 따라서 보랏빛이 나타나기도 한다. 동양구, 오스트레일리아구, 에티오피아구, 남아메리카 일부, 서인도 제도에 분포한다. 국내에는 제주도와 남해안, 그 일대의 섬에서 여름에서 가을까지 볼 수 있는 미접으로 그리 흔하지 않다.

서식지	평지, 마을, 풀밭 숲 가장자리
개체수	매우 드묾
날 개	61-65㎜(편 길이)
월동태	모름
출현기	7-10월(연 1, 2회)

♀

♂

남방오색나비

Hypolimnas bolina (Linnaeus)
リュウキュウムラサキ

날개는 전체가 검으나 암붉은오색나비보다 더 크고, 앞날개에 청보랏빛 무늬가 있는데, 보는 각도에 따라서 색이 달라져 '오색'이라는 이름이 붙었다. 숲 가장자리를 높게 날아다니기도 하고, 정상 주변에 배회하는 모습을 이따금 볼 수 있다. 동양구와 오스트레일리아구에 넓게 분포하고, 국내에는 제주도와 남해안, 그 일대의 섬, 서해안과 주변 섬에서 여름에서 가을까지 볼 수 있는 미접으로, 그리 흔하지 않다.

서식지	낮은 산지, 평지, 마을 숲 가장자리, 풀밭
개체수	매우 드묾
날 개	65-75㎜(편 길이)
월동태	모름
출현기	7-10월(연 1, 2회)

♂

♀

먹그림나비

Dichorragia nesimachus (Doyère)
スミナガシ

날개는 청색을 머금은 검은색 바탕에 마치 흰 줄을 아무렇게나 그은 것처럼 추상적 무늬가 들어 있다. 수컷은 맑은 날 숲에서 텃세행동을 하는데, 나무 사이를 빠르게 날아다닌다. 졸참나무 진이나 짐승 똥, 썩은 과일에 잘 모이며, 나무줄기에 앉을 때에는 날개를 펴고 머리를 아래로 한다. 히말라야, 중국, 타이완, 일본에 분포하고, 국내에는 경기도 일부 섬과 전북, 경남 지역, 제주도에 분포한다. 먹이식물은 나도밤나무과의 '나도밤나무', '합다리나무'이다.

애벌레

서식지 산지, 평지, 계곡 숲 가장자리
개체수 흔함
날 개 61-65㎜(편 길이)
월동태 번데기
출현기 5-9월초(연 2회)

♀

돌담무늬나비

Cyrestis thyodamas Doyère
イシガケチョウ

날개는 흰 바탕에 갈색 줄무늬가 그물처럼 퍼져 있는데, 이를 제주도의 돌담과 같은 모습으로 여겨 '돌담무늬'라는 이름이 붙었다. 외국 자료에 따르면, 숲 가장자리의 밝은 장소에서 습기 있는 땅바닥에 앉거나 여러 꽃에 날아와 꿀을 빤다고 한다. 히말라야 서부에서 인도차이나 반도, 중국 남부, 타이완, 일본에 넓게 분포하고, 국내에는 제주도 비자림에서 단 한 차례 발견한 기록만 있다.

서식지	평지, 마을 주변 숲 가장자리
개체수	매우 드묾
날 개	59-65㎜(편 길이)
월동태	어른벌레
출현기	8-9월

♀

황오색나비

Apatura metis Freyer
コムラサキ

날개는 흑갈색과 황갈색 바탕을 한다. 수컷은 날개 윗면에 보라색 광택이 나지만 암컷은 그렇지 않다. '오색'이라는 이름은 날개에 다섯 가지 색이 있다는 뜻이고 '황'은 날개가 노란색을 띤다는 뜻이지만 실제 그렇지 않다. 나뭇진에 잘 모이고, 수컷만 길가의 습지에 모인다. 유럽 남부와 동남부, 터키, 아무르, 중국, 일본 등지에 넓게 분포하고, 국내에는 제주도를 뺀 전국에 분포한다. 먹이식물은 버드나무과의 '수양버들', '호랑버들'이다.

서식지	산지, 평지, 강변 숲 가장자리, 계곡
개체수	흔함
날 개	63-68㎜(편 길이)
월동태	애벌레
출현기	6-10월(연 1, 2회)

♂ ◓

흑색형

황색형

오색나비

Apatura ilia (Denis & Schiffermüller)
タイリクコムラサキ

황오색나비와 생김새가 거의 같아 유전적으로 가까워 종 분화가 일어난 지 그리 오래되지 않은 것으로 추정된다. 강원도에서 채집한 암컷에서 알을 받아 기르면 제1대 자손에서 두 종이 함께 나오기도 하므로 두 종의 관계에 대한 의견이 여럿 있다. 유라시아 대륙의 한랭지와 중국 중부에 넓게 분포하고, 강원도의 오대산과 계방산 이북의 깊은 산지에서 보이는데, 개체수는 많지 않다. 암컷은 더 발견하기 어려운데, 먹이식물 주위를 잘 살펴 알을 낳을 때 관찰해야 한다. 먹이식물은 버드나무과의 '황철나무'이다.

♂ ◒

황색형

흑색형

서식지 산지, 계곡 숲 가장자리
개체수 매우 드묾
날 개 64-71㎜(편 길이)
월동태 애벌레
출현기 7-8월(연 1회)

번개오색나비

Apatura iris (Linnaeus)
チョウセンコムラサキ, Purple Emperor

황오색나비와 닮았으나 조금 크고, 날개는 흑갈색 바탕에 뒷날개의 흰 줄무늬가 삐쳐 보이는 점이 뚜렷이 다르다. 뒷날개의 흰 줄무늬는 바깥쪽으로 뾰족하게 삐쳐 있어 '번개'라는 이름이 붙었다. 700m 이상의 산지에서 수컷은 축축한 곳에 모이며, 산 정상에서 텃세행동을 한다. 느릅나무와 참나무 진에 모인다. 유라시아 대륙 온대 지역에 분포하고, 국내에는 지리산 이북 산지에 분포한다. 먹이식물은 버드나무과의 '호랑버들', '버드나무'이다.

서식지	산지, 계곡 숲 가장자리
개체수	드묾
날 개	64-85㎜(편 길이)
월동태	애벌레
출현기	6월 중순-8월(연 1회)

밤오색나비

Mimathyma nycteis (Ménétriès)
シロオビコムラサキ

날개는 줄나비처럼 흑갈색 바탕에 흰 띠가 있으나 은판나비와 더 가까운 종류이다. '밤'이라는 말은 밤색을 뜻한다. 석회암 지대의 관목림에서 수컷은 축축한 장소에 잘 모이고, 오후에 산 정상에서 텃세행동을 한다. 암컷은 참나무 진에 날아오며, 먹이식물의 잎 위에 알을 하나씩 낳는다. 아무르, 중국 중부와 동북부에 분포하고, 국내에는 강원도 영월 이북에 분포한다. 먹이식물은 느릅나무과의 '느릅나무'이다.

서식지 **산지, 관목림**
숲 가장자리
개체수 **드묾**
날 개 **64-87㎜(편 길이)**
월동태 **애벌레**
출현기 **6월 중순-8월(연 1회)**

♂

은판나비

Mimathyma schrenckii (Ménétriès)
シロモンコムラサキ

큰 나비로, 날개 윗면은 검은색 바탕에 흰색 무늬이나 뒷날개는 은색 무늬가 뚜렷하다. 수컷은 오전 중에 축축한 곳이나 오물 등에 잘 모이고, 오후가 되면 나무 사이를 날아다니면서 암컷을 찾는다. 암컷은 오후에 느릅나무 진에 모이거나 오후 4시 이후에 계곡의 습지에서 물을 먹는다. 아무르, 중국 중부와 동북부에 분포하고, 국내에는 섬과 해안을 뺀 전국에 분포한다. 먹이식물은 느릅나무과의 '느릅나무', '느티나무'이다.

서식지	산지, 계곡 숲 가장자리
개체수	매우 흔함
날 개	73-99㎜(편 길이)
월동태	애벌레
출현기	6월 중순-8월(연 1회)

♂ ◒

유리창나비

Dilipa fenestra (Leech)
マドタテハ

날개는 수컷이 밝은 황갈색이고, 암컷은 짙은 갈색을 띤다. 날개 끝에 막질 무늬가 있어서 '유리창'이라는 이름이 붙었다. 이른봄에 나타나 낮은 산지의 계곡에서 수컷은 축축한 개울가에 날아오며, 억새 위에서 날개를 펴고 텃세행동을 한다. 암수 모두 단풍나무의 즙을 먹는다. 암컷은 먹이식물의 새싹이 돋을 때 잎에 알을 하나씩 낳는다. 중국 동북부와 동부에 분포하고, 국내에는 내륙의 산지에 분포한다. 먹이식물은 느릅나무과의 '풍게나무'이다.

서식지 산지, 계곡
숲 가장자리
개체수 흔함
날 개 53-63㎜(편 길이)
월동태 번데기
출현기 4월 중순-6월초
(연 1회)

♂

♀

♂

수노랑나비

Dravira ulupi (Doherty)
ウラギンコムラサキ

수컷은 날개가 황갈색 바탕이나 암컷은 흑갈색을 띤다. 날개 아랫면은 은색을 띠는데, 암컷 쪽에서 더 뚜렷하다. 참나무의 진에 잘 모이나 축축한 장소에 머물지 않는다. 암컷은 먹이식물이 잎 뒤에 한꺼번에 60여 개의 알을 낳는다. 깨난 애벌레는 무리 지어 잎 뒤에서 지내지만 다 자라면 흩어진다. 중국, 방글라데시, 타이완에 분포하고, 국내에는 울릉도와 내륙의 낮은 산지에 산다. 먹이식물은 느릅나무과의 '풍게나무'이다.

다 자란 애벌레

어린 애벌레

서식지 **산지, 계곡**
숲 가장자리
개체수 **흔함**
날 개 **63-70㎜(편 길이)**
월동태 **애벌레**
출현기 **6월 중순-8월(연 1회)**

흑백알락나비

Hestina persimilis (Westwood)
ゴマダラチョウ

날개는 흰색과 검은색이 어울리는데, 봄형은 흰색이 많고 여름형은 검은색이 더 많다. 봄형이 여름형보다 개체수가 많다. 낮은 산지의 활엽수림에서 수컷은 나무 사이를 빠르게 날다가 축축한 땅바닥에 잘 앉으며, 짐승 똥에 잘 모인다. 암컷은 나무가지나 잎 위에 알을 하나씩 낳는다. 히말라야, 중국, 인도차이나 반도 북부, 일본에 분포하고, 국내에는 섬을 뺀 북한의 평양 이남 지역에 분포한다. 먹이식물은 느릅나무과의 '팽나무', '풍게나무'이다.

번데기

날개돋이

서식지 산지, 마을, 해변 숲 가장자리, 계곡
개체수 흔함
날 개 57-66㎜(편 길이)
월동태 애벌레
출현기 5-8월(연 2회)

♂

홍점알락나비

Hestina assimilis (Linnaeus)
アカボシゴマダラ

흑백알락나비와 닮았으나 조금 크고, 뒷날개에 붉은 점 4개가 있는 점이 다르다. 흑백알락나비와 달리 봄형과 여름형의 차이는 거의 없으나 여름형이 봄형보다 개체수가 많다. 수컷은 나무 사이를 빠르게 날며 참나무 진에 잘 모이나 축축한 곳에는 오지 않는다. 암컷은 잎 위에 하나씩 알을 낳는다. 중국, 타이완, 일본 남부의 섬에 분포하고, 국내에는 북한의 평양 이남 지역에 분포한다. 먹이식물은 느릅나무과의 '팽나무', '풍게나무'이다.

알

번데기

서식지 산지, 마을, 해변 숲 가장자리, 계곡
개체수 흔함
날 개 60-79㎜(편 길이)
월동태 애벌레
출현기 5-8월(연 2회)

어린 애벌레

애벌레

날개돋이

♂

왕오색나비

Sasakia charonda (Hewitson)
オオムラサキ

크고 화려한 나비로, 수컷만 앞날개에 보랏빛을 띤다. 낮은 산지의 낙엽활엽수림에서 수컷은 축축한 곳, 참나무 진, 새똥 등에서 쉽게 볼 수 있으며, 오후에 산꼭대기에서 텃세행동을 세게 한다. 암컷은 잘 눈에 띄지 않으며, 날 때에는 힘차게 나무 사이를 선회한다. 애벌레로 겨울을 나는데, 먹이식물 뿌리 부근의 낙엽 아래에 붙어 지낸다. 중국, 일본, 타이완에 분포하고, 국내에는 전국에 분포한다. 먹이식물은 느릅나무과의 '팽나무', '풍게나무'이다.

알

번데기

1령 애벌레

월동 애벌레

2령 애벌레

서식지	산지, 마을 , 계곡 숲 가장자리
개체수	드묾
날 개	87-97㎜(편 길이)
월동태	애벌레
출현기	6월말-8월(연 1회)

날개돋이

♀ ◓

대왕나비

Sephisa princeps (Fixsen)
カバイロゴマダラ

날개는 수컷이 황갈색, 암컷이 흑갈색 바탕이다. 참나무가 많은 숲에 꽤 흔하며, 수컷은 양지바른 축축한 곳에 잘 앉으나 암컷은 그늘진 곳에 앉는다. 수컷은 능선의 나뭇잎 위에서 텃세행동을 한다. 암컷은 참나무의 진에 잘 모이며, 거미나 다른 애벌레들에 의해 말려진 잎 안에 알을 160개 정도 한꺼번에 낳는다. 아무르 남부, 중국에 분포하고, 국내에는 섬들을 뺀 전국에 분포한다. 먹이식물은 참나무과의 '굴참나무', '상수리나무'이다.

서식지	산지, 마을, 계곡 숲 가장자리
개체수	흔함
날 개	69-89㎜(편 길이)
월동태	애벌레
출현기	6월말-8월(연 1회)

애물결나비

Ypthima argus Butler
ヒメウラナミジャノメ

날개 윗면은 짙은 밤색이고, 아랫면은 밤색 바탕에 회색 물결무늬가 빽빽하다. 뱀눈처럼 생긴 무늬가 앞날개 아랫면에 1-2개, 뒷날개에 5-6개가 있다. 밝은 곳에 앉아 일광욕을 할 때에는 날개를 펴지만 보통은 날개를 접고 앉는다. 일반적으로 조금 어두운 반음지 상태를 좋아하며, 톡톡 튀듯이 나는 모습이 인상적이다. 아무르 남부, 중국, 일본에 분포하고, 국내에는 전국에 분포한다. 먹이식물은 벼과의 '벼', '바랭이'이다.

서식지	산지, 마을 숲 가장자리, 풀밭
개체수	매우 흔함
날 개	27-35㎜(편 길이)
월동태	애벌레
출현기	5월초-9월초 (연 2, 3회)

♂

물결나비

Ypthima multistriata Butler
ウラナミジャノメ

애물결나비와 아주 닮았으나 조금 크고 뒷날개 아랫면의 뱀눈 무늬가 3개이다. 애물결나비와 비슷한 환경에서 살지만 더 밝은 곳을 좋아하며, 개체수는 좀 적다. 애물결나비보다 더 빠르게 풀 사이를 톡톡 튀듯이 가볍게 날아다닌다. 드물게 개망초 등의 꽃에서 꿀을 빨거나 썩은 과일에서 과즙을 빤다. 아무르 남부, 중국, 일본에 분포하고, 국내에는 전국에 분포한다. 먹이식물은 벼과의 '벼', '바랭이'이다.

서식지	산지, 평지, 마을 숲 가장자리, 풀밭
개체수	매우 흔함
날 개	30-37㎜(편 길이)
월동태	애벌레
출현기	5월초-9월(연 2, 3회)

석물결나비

Ypthima motschulskyi (Bremer & Grey)
チョウセンウラナミジャノメ

물결나비와 비교하여 나타나는 시기가 조금 늦은 편이지만 두 종 모두 거의 차이가 없는 환경에서 볼 수 있다. 물결나비보다 개체수가 훨씬 적은 편이다. 두 종은 형태 차이도 크지 않지만 생태 습성도 거의 닮았다. 낙엽활엽수림 가장자리의 확 트인 풀밭 환경을 좋아한다. 여름에 보이는 개체보다 가을에 보이는 개체의 크기가 훨씬 작다. 아무르, 연해주, 중국에 분포하고, 국내에는 전국에 분포한다. 먹이식물은 벼과의 여러 식물이다.

서식지	산지, 평지, 마을 숲 가장자리, 풀밭
개체수	흔함
날 개	32-37㎜(편 길이)
월동태	애벌레
출현기	6월말-9월(연 2회)

♂

외눈이지옥사촌나비

Erebia wanga Bremer
チョウセンモンヒカゲ

날개는 짙은 흑갈색에 끝 부분에 눈알 무늬가 하나 있다. 뒷날개 아랫면은 노란 점이 하나 있다. 색이 검어 '지옥'이라는 이름이 붙었다. 숲 아래 빛이 드는 산길의 풀밭에서 낮게 날면서 고추나무, 조팝나무, 얇은잎고광나무 등의 꽃에서 꿀을 빤다. 암컷은 숲 사이에서 자라는 먹이식물의 잎에 알을 하나씩 낳는데, 잘 관찰되지 않는다. 아무르, 중국 중부에 분포하고, 국내에는 지리산 이북에 분포한다. 먹이식물은 벼과의 '김의털'이다.

서식지	산지, 숲 가장자리
개체수	흔함
날 개	**43-47㎜(편 길이)**
월동태	애벌레(?)
출현기	**5월 중순-6월(연 1회)**

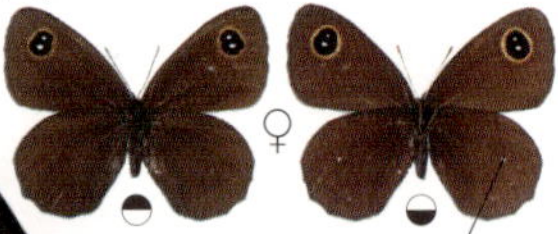

외눈이지옥나비

Erebia cyclopius (Eversmann)
キイロモンヒカゲ

외눈이사촌지옥나비와 닮았으나 날개 아랫면 무늬가 다르다. 강원도 산지의 낙엽활엽수림 가장자리에서 산다. 숲 안팎을 넘나들며 날아다니며, 날개를 'V'자 모양으로 펴고 일광욕을 하거나 고추나무와 붉은병꽃나무 꽃에서 꿀을 빤다. 수컷은 활발하게 날면서 습기 있는 땅바닥에 잘 앉는다. 우랄 산맥 동부에서 몽골, 아무르 북부, 중국 동북부까지 분포하고, 국내에는 강원도 800m 이상 산지 이북에 분포한다. 먹이식물은 벼과의 '김의털'이다.

서식지	산지, 숲 가장자리
개체수	드묾
날 개	43-47㎜(편 길이)
월동태	애벌레(?)
출현기	5월 중순-7월(연 1회)

참산뱀눈나비

Oeneis mongolica Oberthür
チョウセンタカネヒカゲ

날개는 황갈색 또는 흑갈색 바탕에 눈알 무늬가 없거나 한쪽 날개에만 6개 이상 있다. 양지바른 풀밭에 산다. 일광욕하기 위하여 태양에 비스듬히 날개를 편다. 수컷은 풀잎 위에 앉아 있다가 3-4m 날아오른다. 이때 다른 수컷이 다가오면 몸싸움을 한다. 암컷은 잘 움직이지 않다가 먹이식물의 잎에 알을 하나씩 낳는다. 아무르, 몽골, 중국 동북부에 분포하고, 국내에는 섬을 뺀 전국에 분포한다. 먹이식물은 벼과의 '김의털', '검은겨이삭'이다.

서식지	산지, 풀밭
개체수	드묾
날 개	40-55㎜(편 길이)
월동태	애벌레(?)
출현기	4-5월(연 1회)

♂ ◒

♀ ◒

함경산뱀눈나비

Oeneis urda (Eversmann)
カンキョウタカネヒカゲ

참산뱀눈나비보다 더 높은 산지에 살며, 좁은 범위에만 분포한다. 길가 밝은 풀밭의 사초 사이에서 비스듬히 앉아 쉬고 있는 경우가 많다. 인기척에 놀라거나 바람이 세게 불면 멀찌감치 날아가 앉으나 바람이 약할 때에는 곧 주변에 내려와 앉는다. 한반도 산간 지역과 한라산 아고산대에 분포한다. 국외에는 몽골, 중국 북부와 동북부, 아무르, 연해주에 분포한다. 먹이식물은 벼과와 사초과의 여러 식물이다.

서식지 **산지, 풀밭**
개체수 **매우 드묾**
날 개 **38-52㎜(편 길이)**
월동태 **애벌레(?)**
출현기 **5월말-6월 중순(연 1회)**

♂

시골처녀나비

Coenonympha amaryllis (Stoll)
キイロヒメヒカゲ

날개 윗면은 갈색이고, 아랫면은 중앙에서 바깥선두리 쪽으로 옅은 노란색 띠가 있고 눈알 무늬가 9개 정도 있다. 톡톡 튀듯이 풀과 풀 사이를 천천히 날아다니는 모습을 흔하게 볼 수 있다. 해안 풀밭에서 낮게 날면서 여러 꽃에 날아온다. 먹이식물은 벼과의 여러 식물이다.

서식지	산지, 풀밭
개체수	드묾
날 개	39-43㎜(편 길이)
월동태	애벌레
출현기	5월말-6월 중순 (연 1회)

♂

♀

봄처녀나비

Coenonympha oedippus (Fabricius)
ヒメヒカゲ

날개 윗면은 짙은 갈색이며, 아랫면은 중앙에서 바깥선두리 쪽으로 옅은 노란색 띠가 있고 눈알 무늬가 9개 정도 있다. 톡톡 튀듯이 풀과 풀 사이를 천천히 날아다니는 모습을 흔하게 볼 수 있다. 날개를 접고 풀 위나 화산암 위에서 햇볕에 수직으로 비스듬히 날개를 기울여 일광욕을 한다. 유라시아 대륙 온대 지역의 산지에 넓게 분포하고, 국내에는 전국에 분포한다. 먹이식물은 벼과의 여러 식물이다.

서식지	산지, 풀밭
개체수	매우 드묾
날 개	38-43㎜(편 길이)
월동태	애벌레
출현기	5월말-6월 중순 (연 1회)

♂

도시처녀나비

Coenonympha hero Linnaeus
シロオビヒメヒカゲ

날개 윗면은 짙은 갈색이며, 아랫면은 중앙에서 바깥선두리 쪽으로 옅은 흰색 띠가 있고 눈알 무늬가 7개 정도 있다. 톡톡 튀듯이 풀과 풀 사이를 천천히 날아다니는 모습을 흔하게 볼 수 있다. 날개를 접고 풀 위나 화산암 위에서 햇볕에 수직으로 비스듬히 날개를 기울여 일광욕을 한다. 유라시아 대륙의 온대 지역에 넓게 분포하고, 국내에는 전국에 분포한다. 먹이식물은 벼과의 '김의털', '검정겨이삭'이다.

서식지	산지, 풀밭
개체수	흔함
날 개	40-45㎜(편 길이)
월동태	애벌레
출현기	5월말-6월 중순 (연 1회)

♀

♂

가락지나비

Aphantopus hyperantus Linnaeus
チョウセンジャノメ, Ringlet

날개 윗면과 아랫면 모두 흑갈색이며, 수컷은 보랏빛 광택이 난다. 날개 아랫면에 눈알 무늬가 있다. 남한에서는 유일하게 한라산 1,400m부터 백록담까지 풀밭에 산다. 풀밭을 낮게 날아다니면서 금방망이, 곰취, 백리향 등의 꽃에서 꿀을 빠는데, 햇빛이 강하면 날개를 접어 햇빛에 수직으로 한다. 유럽 북부, 캅카스, 시베리아, 몽골, 아무르, 중국 동북부에 분포하고, 국내에는 함경도와 제주도 한라산에 분포한다. 먹이식물은 벼과의 '김의털'이다.

서식지 산지, 풀밭
개체수 드묾
날 개 44-50㎜(편 길이)
월동태 애벌레
출현기 7월 중순-8월 (연 1회)

♂

굴뚝나비

Minois dryas (Scopoli)
ジャノメチョウ

앞날개는 짙은 흑갈색, 아랫면은 갈색이다. 뒷날개 중앙에서 바깥 가장자리 쪽으로 옅은 흰 띠가 있다. 확 트인 길가나 목장 등 풀밭 환경에 산다. 길가에서 갑자기 날아 튀어 나왔다가 다른 편으로 사라지는 일이 많다. 마타리, 엉겅퀴, 꿀풀, 솔체꽃, 쉬땅나무 등의 꽃에서 꿀을 빨고 쉴 사이 없이 날아다닌다. 암컷은 땅위 아무 데나 알을 떨어뜨린다. 유라시아 대륙의 온대 스텝 지역에 분포하고, 국내에는 전국에 분포한다. 먹이식물은 벼과의 '참억새'이다.

서식지	산지, 풀밭
개체수	매우 흔함
날 개	60-70㎜(편 길이)
월동태	애벌레
출현기	6월말-9월(연 1회)

◓

◒짝짓기

♂◒

산굴뚝나비

천연기념물 제458호
멸종위기종 1급

Hipparchia autonoe (Esper)
タカネジャノメ

날개 윗면은 짙은 갈색, 아랫면은 황갈색을 띤다. 날개 중앙에서 바깥쪽으로 밝은 부위가 있으며, 앞날개에 있는 눈알 무늬가 크다. 남한에서는 한라산 1,400m부터 암석이 노출된 풀밭에 산다. 수컷은 화산암 위에서 앉아 있거나 백리향, 솔체꽃, 송이풀, 꿀풀 등의 꽃에서 꿀을 빤다. 유럽 동남부에서 우리나라까지 스텝 지역에 분포하고, 국내에는 함경북도, 제주도 한라산에 분포한다. 먹이식물은 벼과의 '김의털'이다. 우리나라 천연기념물이다.

서식지 산지, 풀밭
개체수 드묾
날 개 56-60㎜(편 길이)
월동태 애벌레
출현기 7월 중순-8월 (연 1회)

♂ ◒

황알락그늘나비

Kirinia epaminondas (Staudinger)
キマダラモドキ

알락그늘나비와 닮았으나 전체의 색상을 비교하면 조금 더 노랗다. 산지의 숲 가장자리나 숲 사이의 밝은 장소에서 볼 수 있으며, 수컷은 한 장소를 점유하기보다 다른 나비의 뒤를 쫓는 텃세행동을 강하게 한다. 꽃에 오기는 하나 드물며, 대부분 나뭇진을 먹는데, 순간 동작이 재빠르다. 아무르, 중국 동북부, 일본에 분포하고, 국내에는 지리산 이북 산지에 분포한다. 먹이식물은 벼과의 '참억새'이다.

서식지	산지, 숲 가장자리
개체수	흔함
날 개	47-55㎜(편 길이)
월동태	애벌레
출현기	6월말-8월(연 1회)

알락그늘나비

Kirinia epimenides (Ménétriès)
クロキマダラモドキ

날개 윗면은 짙은 갈색이고, 아랫면은 노란색기가 있는 회색 바탕에 갈색 무늬가 엉성한 그물처럼 퍼져 있다. 산지의 숲 사이 빈터나 길가에 산다. 수컷은 숲 사이에 햇빛이 들어오는 자리를 서로 차지하려는 텃세행동을 한다. 암수가 참나무 진에 날아와 즙을 빨아 먹는다. 어두워질 때 가장 활발하게 날아다닌다. 트랜스바이칼, 아무르, 중국에 분포하고, 국내에는 지리산 이북 산지에 분포한다. 먹이식물은 벼과의 '참억새'이다.

서식지	산지, 숲 가장자리
개체수	흔함
날 개	47-56㎜(편 길이)
월동태	애벌레
출현기	6월말-8월(연 1회)

♂

왕그늘나비

Ninguta schrenkii (Ménétriès)
オオヒカゲ

산지 낙엽활엽수림 주위의 숲과 계곡 주변에서 산다. 수컷은 수풀 속에서 크게 휘젓고 다니므로 금세 눈에 띈다. 암수가 새똥이나 나뭇진에 날아와 빨아 먹는데, 맑은 날보다 흐린 날, 저녁 무렵에 활발하다. 암컷은 먹이식물의 잎 뒤에 알을 1-6개씩 일렬로 낳는다. 일본, 중국, 아무르, 사할린 남부에 분포하고, 국내에는 지리산 이북 산지에 분포한다. 먹이식물은 벼과의 '참억새', 사초과의 '삿갓사초', '흰사초' 등이다.

서식지	산지, 숲 가장자리
개체수	드묾
날 개	57-63㎜(편 길이)
월동태	애벌레
출현기	6월말-9월(연 1회)

♂

먹그늘나비

Lethe diana (Butler)
クロヒカゲ

날개는 먹색이고 끝이 뾰족하다. 날개 아랫면은 밤색으로 윗면보다 색이 조금 옅다. 뒷날개 바깥쪽으로 눈알 무늬가 있다. 햇볕이 적은 나뭇잎 위에 앉아 쉬고, 어두워질 때나 흐린 날에도 활발하게 날다가 다른 나비를 빠르게 쫓는 습성이 있다. 오전 중에 새똥에 한꺼번에 모이며, 큰까치수영 꽃에 날아와 꿀을 빤다. 쿠릴 열도 남부, 연해주 남부, 중국, 일본에 분포하고, 국내에는 전국에 분포한다. 먹이식물은 벼과의 '조릿대', '참억새'이다.

서식지	산지, 숲 가장자리
개체수	매우 흔함
날 개	55-62㎜(편 길이)
월동태	애벌레
출현기	6월 중순-8월 (연 1회)

먹그늘나비붙이

Lethe marginalis (Motschulsky)
クロヒカゲモドキ

먹그늘나비와 닮았으나 날개 색이 조금 옅고, 앞날개 아랫면의 눈알 무늬가 아래쪽으로 커지는 점이 다르다. 오후에서 해질 무렵 활발하게 나는데, 채집하여 보면 날개가 훼손된 경우가 많을 정도로 활발하다. 수컷은 다른 나비를 쫓는 텃세행동을 세게 하고, 암수 모두 참나무 진에 잘 모이나 꽃에 날아오는 일은 드물다. 아무르, 중국, 일본에 분포하고, 국내에는 섬을 뺀 전국에 분포한다. 먹이식물은 벼과의 '참억새', '새'이다.

서식지	산지, 숲 가장자리
개체수	흔함
날 개	57-63㎜(편 길이)
월동태	애벌레
출현기	6월 중순-8월(연 1회)

아래 눈알 무늬가 크다

뱀눈그늘나비

Crebeta deidamia (Eversmann)
ツマジロウラジャノメ

날개는 어두운 갈색으로 뒷날개 아랫면에 바깥쪽으로 눈알 무늬가 6개 있는데, 날개 윗면에서는 2-4개밖에 안 보인다. 바위가 많고 풀이 적은 산길이나 낭떠러지 부근에서 오전에 물가에 오는 경우가 있으며, 개망초, 기린초 등의 꽃에서 꿀을 빤다. 흔히 날개를 폈다 접었다 하면서 경계를 하는 모습을 볼 수 있다. 시베리아 남부, 아무르, 몽골, 중국 중부와 동북부, 일본에 분포하고, 국내에는 제주도를 뺀 전국에 분포한다. 먹이식물은 벼과의 '참억새'이다.

서식지 **산지, 풀밭**
개체수 **매우 흔함**
날 개 **56-60㎜(편 길이)**
월동태 **애벌레**
출현기 **5월말-9월(연 2회)**

♂ ◒

◒짝짓기

눈많은그늘나비

Lopinga achine (Scopoli)
ウラジャノメ, Woodland Brown

숲 속같이 좀 어두운 곳에 사는 흔한 나비이나 풀밭 환경에서도 적응하여 산다. 힘없이 날다가 적당한 장소에 처박히듯 앉는데, 수컷은 다른 나비의 뒤를 쫓는 텃세행동을 보인다. 곰취, 금방망이 등 여러 꽃에서 꿀을 빨고, 나뭇진에도 날아오며, 사람의 땀을 빨아 먹는 것을 관찰하였다. 유럽 중부에서 북부, 중앙아시아, 아무르, 연해주, 사할린, 몽골, 중국, 일본에 분포하고, 국내에는 전국에 분포한다. 먹이식물은 벼과의 여러 식물이다.

서식지	산지, 풀밭
개체수	매우 흔함
날 개	56-58㎜(편 길이)
월동태	애벌레
출현기	7-8월(연 1회)

♂ ◓

♀ ◒

조흰뱀눈나비

Melanargia epimede (Staudinger)
ミカヅキシロジャノメ

우리나라 뱀눈나비 무리 중에서 날개 색이 흰색인 종류이다. 양지바른 풀밭에서 쉼 없이 날면서 큰까치수영, 꼬리풀, 둥근쥐손이풀, 곰취 등의 꽃에서 꿀을 빤다. 이른 아침에는 날개를 반쯤 펴고 일광욕을 한다. 암컷은 먹이식물 잎이나 주변의 풀 또는 다른 식물들에 알을 하나씩 낳는다. 몽골 동부, 아무르, 중국 동북부에 분포하고, 국내에는 남해안 일대와 제주도 낮은 곳을 뺀 전국에 분포한다. 먹이식물은 벼과의 '참억새'이다.

서식지	산지, 평지, 풀밭
개체수	매우 흔함
날 개	52-65㎜(편 길이)
월동태	애벌레
출현기	6월 중순-8월 (연 1회)

♂ ◓

♂ ◒

흰뱀눈나비

Melanargia halimede (Ménétriès)
シロジャノメ

낮은 지대의 햇빛이 잘 드는 묘지 주변이나 억새밭 사이에서 사는데, 쉴 새 없이 풀과 풀 사이를 천천히 날아다닌다. 암컷은 수컷에 비해 잘 날지 않으며 풀에 붙어 쉬는 시간이 많다. 엉겅퀴, 돌가시나무 등 여러 꽃에서 꿀을 빠는데, 인기척에 놀라 날아가도 그리 멀리 가지 않는다. 몽골, 중국 동북부, 아무르에 분포하고, 한반도 동북부와 남해안에 인접한 전남 · 경남 지역, 제주도 평지에 분포한다. 먹이식물은 벼과의 '참억새', 쇠풀속식물이다.

◒ 짝짓기

♀ ◒

서식지	**평지, 풀밭**
개체수	**매우 흔함**
날 개	**53-65㎜(편 길이)**
월동태	**애벌레**
출현기	**6월 중순-8월(연 1회)**

부처사촌나비

Mycalesis francisca (Stoll)
コジャノメ

숲 속 어두운 곳이나 숲 가장자리의 밝은 장소에서 날아다닌다. 나는 모습이 톡톡 튀듯이 보이고, 앉을 때에는 날개를 접으나 흐린 날 또는 이른 아침에는 일광욕을 하기 위하여 날개를 편다. 꽃에 날아오고, 축축한 물가나 나뭇진에도 모인다. 흐린 날에 더 잘 날아다니고, 맑은 날에는 저녁 무렵에 활발해진다. 일본, 중국, 타이완, 인도차이나 반도에 분포하고, 국내에는 전국에 분포한다. 먹이식물은 벼과의 '실새풀', '조개풀', '참억새'이다.

서식지 **산지, 평지, 풀밭**
개체수 **매우 흔함**
날 개 **45-53㎜(편 길이)**
월동태 **애벌레**
출현기 **5-8월(연 2회)**

부처나비

Mycalesis gotama Moore
ヒメジャノメ

날개 윗면은 짙은 갈색이고 아랫면은 갈색이다. 아랫면은 눈알 무늬가 뚜렷하고, 가운데에서 바깥쪽으로 노란 띠가 있다. 어두운 나무 그늘 아래에서 톡톡 튀듯이 날다가 앉을 때에는 날개를 접으나 햇빛이 강하면 날개를 반쯤 편다. 참나무의 진이나 썩은 과일에 모이며, 수컷끼리 서로 쫓는 모습을 볼 수 있다. 히말라야 동부에서 중국, 타이완, 일본까지 분포하고, 국내에는 제주도를 뺀 전국에 분포한다. 먹이식물은 벼과의 '주름조개풀', '참억새'이다.

서식지	산지, 평지, 풀밭
개체수	매우 흔함
날 개	47-56㎜(편 길이)
월동태	애벌레
출현기	4-10월 (연 2, 3회)

먹나비

Melanitis leda (Linnaeus)
ウスイロコノマチョウ, Evening Brown, Common Evening Brown

길가나 숲 가장자리에 있으며 한번 날면 활발하게 풀 사이를 헤집고 다닌다. 온도가 높으면 거의 날지 않으나 흐린 날이나 늦은 저녁에 활발해진다. 축축한 물가나 썩은 과일 등에 잘 모인다. 동양구와 오스트레일리아구에 넓게 분포하고, 국내에는 한반도 중부지방까지 이따금 여름에서 가을까지 발견되는 미접이지만 제주도에서 토착할 가능성이 있다. 먹이식물은 화본과의'강아지풀','염주'이다.

서식지	평지, 마을 주변, 풀밭
개체수	드묾
날 개	55-61㎜(편 길이)
월동태	애벌레
출현기	5-11월(연 2, 3회)

♂

독수리팔랑나비

Burara aquilina (Speyer)
キバネセセリ

실제 빠르기가 새처럼 빠르며, 날 때의 모습으로 이름이 잘 붙여졌다. 강원도 산지의 낙엽활엽수림 가장자리의 계곡이나 길가에 핀 꽃이나 물가에 앉을 때에는 쉽게 관찰할 수 있으나 놀라 날아가면 시야에서 금세 사라진다. 수컷만 물가에 날아오는데, 한자리에 여러 마리가 오는 경우도 많다. 일본, 러시아 동남부, 중국 동북부와 서부에 넓게 분포하고, 국내에는 강원도 산지에 분포한다. 먹이식물은 오갈피나무과 '땃두릅나무'이다.

서식지	산지, 계곡 숲 가장자리
개체수	드묾
날 개	**40-44㎜**(편 길이)
월동태	**애벌레**
출현기	**6월말-8월초**(연 **1**회)

♂ ◒

◒

큰수리팔랑나비

Bibasis striata (Hewitson)
チョウセンアオバセセリ

최근까지 경기도 광릉에서만 기록이 있을 만큼 관찰하기 매우 어렵다. 수컷은 축축한 습지에 오거나 참나무 진에 날아와 즙을 빤다. 이 밖에 저녁나절 일정한 공간을 재빠르게 날면서 공간을 점유하는데, 꽤 어두워질 때까지 한다. 암컷은 발견하기가 더 어려우며, 관찰한 생태 기록이 거의 없다. 중국 서부에 분포하고, 국내에는 유일하게 경기도 광릉 지역에만 분포한다. 먹이식물은 아직 밝혀지지 않고 있다.

서식지 산지, 숲 가장자리
개체수 매우 드묾
날 개 43-47㎜(편 길이)
월동태 애벌레(?)
출현기 7-8월초(연 1회)

수컷만 검은 성표

♂

푸른큰수리팔랑나비

Choaspes benjaminii (Guérin-Méneville)
アオバセセリ

날개는 청록색을 띠는데 바깥쪽으로 검고, 뒷날개 후각에 주황색 무늬가 있다. 상록수림에서 수컷은 산꼭대기나 숲 사이를 왕복하는 습성이 있으며, 아주 빠르다. 맑은 날은 해질 무렵까지, 흐린 날은 낮에 날아다닌다. 나무딸기 등 여러 꽃에서 꿀을 빨며, 새똥에 날아온다. 인도, 스리랑카에서 인도차이나 반도, 중국 서부와 동부, 타이완, 일본 남부까지 분포하고, 국내에는 남부 지방에 분포한다. 먹이식물은 나도밤나무과의 '나도밤나무', '합다리나무'이다.

서식지	산지, 평지, 계곡 숲 가장자리
개체수	흔함
날 개	42-46㎜(편 길이)
월동태	번데기
출현기	5월 중순-8월 (연 2회)

♀ ◒

♂ ◒

애벌레

번데기

대왕팔랑나비

Satarupa nymphalis (Speyer)
コンゴウセセリ

왕팔랑나비의 생김새와 닮았으나 더 크고, 날개의 흰 띠가 더 넓다. 몸 아래와 배 끝은 흰색 가루로 덮여 있다. 숲 둘레를 빠르게 날아다니며 쉬땅나무, 큰까치수영 등의 꽃에서 꿀을 빠는데, 날개를 펼친 채 오래 앉아 있으나 놀라면 순식간에 날아간다. 수컷은 산 정상에서 텃세 행동을 한다. 암컷은 보기가 쉽지 않다. 연해주, 중국 중부와 동북부에 분포하고, 국내에는 지리산 이북 산지에 분포한다. 먹이식물은 운향과의 '황벽나무'이다.

서식지	산지, 숲 가장자리
개체수	드묾
날 개	52-60㎜(편 길이)
월동태	애벌레
출현기	6월말-8월(연 1회)

왕팔랑나비

Lobocla bifasciata (Bremer & Grey)
マエキセセリ

날개와 몸이 검다. 앞날개에만 흰 무늬가 나타난다. 뒷날개 아랫면은 희끗희끗한 비늘가루가 섞여 있다. 참나무 숲 주위의 아카시나무가 많은 야산에서 수컷은 낮게 빙빙 돌듯이 활발하게 난다. 암수가 꿀풀, 엉겅퀴, 개망초 등의 꽃에서 꿀을 빤다. 암컷은 어두운 그늘에서 천천히 날면서 먹이식물의 잎 뒤에 알을 하나씩 낳는다. 아무르 남부, 중국에 분포하고, 국내에는 섬을 뺀 전국에 분포한다. 먹이식물은 콩과의 '풀싸리', '싸리나무', '칡' 등이다.

서식지	산지, 평지 , 숲
개체수	매우 흔함
날 개	47-55㎜(편 길이)
월동태	애벌레
출현기	5월말-7월초(연 1회)

◒

♂

◒

왕자팔랑나비

Daimio tethys (Ménétriès)
ダイミョウセセリ

왕팔랑나비와 닮았으나 더 작고, 뒷날개에 흰 띠가 있어 다르다. 제주도 개체는 육지의 개체보다 뒷날개 흰 띠의 너비가 훨씬 넓다. 평지나 낮은 산지의 숲 둘레에서 수컷은 저녁 무렵 세게 텃세행동을 한다. 엉겅퀴와 개망초 꽃에서 날개를 편 채 꿀을 빤다. 암컷은 알을 낳은 후 자신의 배털로 덮는 습성이 있다. 아무르 남부, 중국, 일본, 미얀마 북부에 분포하고, 국내에는 전국에 분포한다. 먹이식물은 마과의 '마', '단풍마' 등이다.

서식지	산지, 평지 숲 가장자리
개체수	매우 흔함
날 개	31-40㎜(편 길이)
월동태	애벌레
출현기	5-9월(연 2회)

제주도 개체

♂ 육지 개체

멧팔랑나비

Erynnis montanus (Bremer)
ミヤマセセリ

날개는 낙엽과 닮았으며, 앞날개보다 뒷날개가, 윗면보다 아랫면의 색이 더 노랗다. 암컷 쪽이 회백색 무늬가 더 두드러진다. 이른봄, 산지의 숲 가장자리 줄딸기, 고추나무 등의 꽃에서 꿀을 빤다. 수컷은 습지에 모이거나 돌 위에서 일광욕을 한다. 암컷이 새싹에 낳은 알은 처음에는 노란색이다가 차츰 적갈색으로 변한다. 아무르, 중국 동북부, 일본에 분포하고, 국내에는 제주도를 뺀 전국에 분포한다. 먹이식물은 참나무과의 '떡갈나무'이다.

서식지	산지, 숲 가장자리
개체수	매우 흔함
날 개	27-34㎜(편 길이)
월동태	애벌레
출현기	4-5월(연 1회)

알

꼬마흰점팔랑나비

Pyrgus malvae (Linnaeus)
ヒメチャマダラセセリ, Grizzled Skipper

날개는 검은 바탕에 옅은 노란색 점들이 촘촘히 박혀 있다. 뒷날개 아랫면은 적갈색, 흑갈색, 갈색을 띠어 변화가 많다. 풀밭에 핀 솜방망이, 민들레, 양지꽃 등의 꽃에서 꿀을 빤다. 수컷은 가끔 습지에서 물을 먹고, 낮고 재빠르게 날다가 돌 위에 앉아 날개를 편 채로 일광욕을 한다. 암컷이 알을 낳는 모습을 아직 관찰하지 못했다. 유럽에서 일본까지 온대 지역에 넓게 분포하고, 국내에는 지리산 이북 지역에 분포한다. 먹이식물은 장미과의 '딱지꽃'이다.

서식지	평지, 풀밭
개체수	드묾
날 개	19-23㎜(편 길이)
월동태	애벌레
출현기	4-5월(연 1회)

◐

♂ ◐

흰점팔랑나비

Pyrgus maculatus (Bremer & Grey)
チャマダラセセリ

날개는 흑갈색 바탕에 흰 점무늬가 있으며, 아랫면은 흑갈색 또는 적갈색이다. 풀밭에 핀 민들레, 딱지꽃 등에서 꿀을 빤다. 수컷은 빠르게 날며 약하게 텃세를 부린다. 암컷은 낮게 날면서 먹이식물의 잎에 알을 하나씩 낳는다. 애벌레는 먹이식물의 여러 잎을 실로 묶어 싼 후 그 안에서 지낸다. 아무르, 연해주, 바이칼호 남부, 중국, 일본, 미얀마 북부(?)에 분포하고, 국내에는 전국에 분포한다. 먹이식물은 장미과의 '딱지꽃'이다.

서식지	산지, 평지, 풀밭
개체수	매우 흔함
날 개	22-26㎜(편 길이)
월동태	애벌레
출현기	4-5월 7월 중순-8월(연 2회)

수풀알락팔랑나비

Carterocephalus silvicolus (Meigen)
カラフトタカネキマダラセセリ

날개는 황갈색 바탕에 흑갈색 무늬가 있는데, 수컷보다 암컷의 바탕색이 짙다. 뒷날개 아랫면은 풀색을 띤 노란색이다. 높은 산지의 풀밭에 핀 고추나무, 붉은병꽃나무 등의 꽃에서 꿀을 빤다. 수컷은 습지나 새똥에 잘 날아오며, 날개를 편 채로 일광욕을 한다. 암컷은 먹이식물의 잎 뒤에 알을 하나씩 낳는다. 유럽에서 일본까지 온대 지역에 넓게 분포하고, 국내에는 지리산 이북 지역에 분포한다. 먹이식물은 벼과의 '기름새'이다.

서식지	산지, 풀밭
개체수	흔함
날 개	**26-32㎜(편 길이)**
월동태	애벌레
출현기	**5-6월(연 1회)**

♀ ◓ ♂ ◒

참알락팔랑나비

Carterocephalus diekmanni (Graeser)
シラホシセセリ

날개 윗면은 보랏빛이 감도는 검은색 바탕에 흰 점무늬가 있는데, 날개 아랫면은 밤색 바탕에 흰 점이 은빛으로 보인다. 높은 산지의 숲 가장자리 풀밭에 산다. 산길 둘레에 핀 개망초, 엉겅퀴 등의 꽃에서 꿀을 빤다. 수컷은 축축한 땅바닥이나 새똥에 잘 오며, 날개를 펴고 일광욕을 하는데, 텃세행동을 강하게 한다. 아무르 남부와 중국 동북부에 분포하고, 국내에는 지리산 이북 산지에 분포한다. 먹이식물은 벼과의 '기름새'이다.

서식지	산지, 풀밭
개체수	흔함
날 개	**26-32㎜(편 길이)**
월동태	애벌레
출현기	**5-6월초(연 1회)**

은줄팔랑나비

Leptalina unicolor (Bremer et Grey)
ギンイチモンジセセリ

뒷날개 아랫면에 은색 줄무늬가 있지만 전체 모습이 돈무늬팔랑나비와 거의 같고, 특히 날아다닐 때의 모습이 꽤 닮았다. 계절에 따른 형태 변이가 있다. 요사이 풀밭 환경이 축소돼 개체수가 퍽 줄어듦에 따라 보기 어려운 종이다. 꽃에 잘 날아오고, 날개를 반쯤 펴고 일광욕하는 습성이 있다. 시베리아 서부, 중국 북부, 아무르, 일본에 분포하고, 국내에는 경남과 강원도 일부 지역에만 분포한다. 먹이식물은 벼과의 '참억새', '기름새'이다.

서식지	산지, 평지, 풀밭
개체수	매우 드묾
날 개	31-35㎜(편 길이)
월동태	애벌레
출현기	5-8월초(연 2회)

◒

♂ ◓

돈무늬팔랑나비

Heteropterus morpheus (Pallas)
チョウセンキボシセセリ

날개 윗면은 검은색이며 앞날개 앞 가장자리에 작은 노란 띠가 있다. 뒷날개 아랫면은 옅은 노란색 바탕에 검은 줄로 된 타원 무늬가 있다. 산지의 풀밭과 습지 둘레, 나무를 벤 장소에서 산다. 톡톡 튀듯이 날다가 개망초와 조뱅이 등의 꽃에서 꿀을 빤다. 암컷은 먹이식물의 잎 뒤에 알을 하나씩 낳는다. 유럽에서 우리나라까지 스텝 기후대에 분포하고, 국내에는 섬 지방을 뺀 전국에 분포한다. 먹이식물은 벼과의 '기름새'이다.

서식지	산지, 평지, 풀밭
개체수	드묾
날 개	32-37㎜(편 길이)
월동태	애벌레
출현기	5-8월초(연 2회)

지리산팔랑나비

Isoteinon lamprospilus C. & R. Felder
ホソバセセリ

날개 윗면은 흑갈색이고, 아랫면은 황갈색과 흑갈색 바탕에 흰 점이 흩어지듯 보인다. 산지의 계곡이 마주치는 장소에서 산다. 풀 사이를 힘차게 날아다니며, 엉겅퀴, 꿀풀, 큰까치수영 등의 꽃에서 꿀을 빤다. 수컷은 축축한 땅바닥에 앉으며, 텃세행동을 한다. 암컷은 먹이식물의 잎에 알을 하나씩 낳는다. 중국 동부와 서부, 타이완, 일본에 분포하고, 국내에는 섬 지방을 뺀 강원도 이남 지역에 분포한다. 먹이식물은 벼과의 '참억새'이다.

서식지	산지, 계곡
개체수	드묾
날 개	34-38㎜(편 길이)
월동태	애벌레
출현기	7-8월(연 1회)

♀

파리팔랑나비

Aeromachus inachus (Ménétriès)
ホシチャバネセセリ

파리처럼 생기기도 하고 나는 모습도 파리와 닮아 보일 정도로 빠르다. 원래는 서울 근교에도 많았지만 요즈음 보기 어려워졌다. 일광욕을 할 때에 앞날개는 수직으로 세우고 뒷날개는 수평으로 세우는 독특한 습성이 있어 예전에는 '글라이더팔랑나비'라고도 불렀다. 이 밖의 생태 습성은 다른 팔랑나비들과 닮았다. 중국, 우수리, 아무르, 일본에 분포하고, 국내에는 전국에 분포한다. 먹이식물은 벼과의 '기름새', '큰기름새'이다.

서식지	산지, 평지, 풀밭
개체수	흔함
날 개	25-29㎜(편 길이)
월동태	애벌레
출현기	6월초-9월(연 2회)

♂ ◒

줄꼬마팔랑나비

Thymelicus leoninus (Butler)
スジグロチャバネセセリ

날개는 황갈색 바탕에 날개 윗면의 바깥과 안쪽 가장자리에 굵은 테가 있다. 날개맥은 검은색으로 두드러진다. 빠르게 날며 큰까치수영과 개망초, 엉겅퀴, 꿀풀 등의 꽃에서 꿀을 빤다. 수컷은 축축한 땅바닥에 잘 앉으며, 텃세행동을 한다. 암컷은 먹이식물의 구겨진 잎 사이로 하나에서 서너 개의 알을 낳는다. 아무르, 중국, 일본에 분포하고, 국내에는 지리산 이북 지역에 분포한다. 먹이식물은 벼과의 '기름새'이다.

서식지	산지, 계곡 숲 가장자리
개체수	흔함
날 개	28-32㎜(편 길이)
월동태	애벌레
출현기	6월 중순-8월(연 1회)

♂ ◓

♀ ◒

수풀꼬마팔랑나비

Thymelicus sylvaticus (Bremer)
ヘリグロチャバネセセリ

줄꼬마팔랑나비와 거의 닮았으나 수컷의 앞날개 중실 아래에 있는 선 모양의 성표가 없다. 숲 가장자리 풀밭 위를 빠르게 날며 여러 꽃에서 꿀을 빠는데, 줄꼬마팔랑나비와 같은 장소에서 발견된다. 수컷은 축축한 땅바닥에 잘 앉으며, 햇빛이 잘 드는 곳에 앉아 텃세행동을 한다. 암컷은 먹이식물의 구겨진 잎 사이에 알을 낳는다. 아무르 남부, 중국, 일본에 분포하고, 국내에는 제주도를 뺀 전국에 분포한다. 먹이식물은 벼과의 '기름새'이다.

서식지	산지, 계곡 숲 가장자리
개체수	흔함
날 개	28-32㎜(편 길이)
월동태	애벌레
출현기	6월 중순-8월(연 1회)

♀ ◒

유리창떠들썩팔랑나비

Ochlodes subhyalina (Bremer & Grey)
ウスバキマダラセセリ

산지나 마을, 경작지 주변의 초지에 산다. 수컷은 물가나 새똥 등 다양한 장소에 모이거나 고삼, 갈퀴나물, 타래난초, 자귀나무 등의 꽃에도 잘 모여 꿀을 빤다. 꽃에 날아오면 한동안 앉아 있게 되어 관찰하기 쉽다. 오후 늦게 수컷이 텃세행동을 보일 때에는 여러 마리가 한꺼번에 이리저리 날아다닌다. 아무르 남부, 중국, 일본 남부 섬, 미얀마, 인도 북부, 부탄에 분포하고, 국내에는 전국에 분포한다. 먹이식물은 벼과의 '큰기름새'이다.

서식지	**산지, 평지, 풀밭**
개체수	**매우 흔함**
날 개	**33-40㎜(편 길이)**
월동태	**애벌레**
출현기	**6월 중순-8월초 (연 1회)**

검은테떠들썩팔랑나비

Ochlodes ochraceus (Bremer)
ヒメキマダラセセリ

날개 윗면은 가장자리에 검은 테가 나 있으나 아랫면은 거의 황갈색이다. 수컷에게만 중실 아래에 검은 선으로 된 성표가 있다. 숲 가장자리에서 빠르게 날면서 큰까치수영, 개망초, 엉겅퀴 등의 꽃에서 꿀을 빤다. 맑은 날 수컷은 날개를 반쯤 편 채로 풀에 앉아 있는 때가 많으며, 습지에서 앉아 물을 먹는다. 아무르 남부, 중국 중부 이북, 일본에 분포하고, 국내에는 전국에 분포한다. 먹이식물은 벼과의 '큰기름새'이다.

서식지 산지, 평지, 풀밭
개체수 매우 흔함
날 개 **26-30㎜**(편 길이)
월동태 **애벌레**
출현기 **6월 중순-7월(연 1회)**

수풀떠들썩팔랑나비

Ochlodes venatus (Bremer & Grey)
コキマダラセセリ, Large Skipper

날개는 수컷이 황갈색, 암컷이 흑갈색 바탕을 한다. 수컷의 앞날개 중실에 검은 선의 성표가 있다. 산지나 평지의 풀밭에 살며 갈퀴나물, 꿀풀, 엉겅퀴 등의 꽃에서 꿀을 빤다. 수컷은 날개를 반쯤 펴고 텃세행동을 하는데, 아주 빠르게 날아다닌다. 이따금 습지나 새똥에 앉아 즙을 빨아 먹는다. 유럽에서 일본까지 스텝 지역에서 분포하고, 국내에는 제주도를 포함한 한반도 전 지역에 분포한다. 먹이식물은 벼과의 '왕바랭이'이다.

서식지	**산지, 평지, 풀밭**
개체수	**흔함**
날 개	**32-36㎜(편 길이)**
월동태	**애벌레**
출현기	**7-8월(연 1회)**

♂

산수풀떠들썩팔랑나비

Ochlodes similis (Leech)
ニセコキマダラセセリ

수풀떠들썩팔랑나비와 닮았으나 날개 색이 더 검고, 조금 작으며, 상대적으로 높은 산지에 산다. 산지의 풀밭에 핀 여러 꽃에 잘 날아오며, 꽃에 앉으면 한동안 잘 날아가지 않으나 놀라면 순식간에 시야에서 사라진다. 수컷은 길가 습지에 날아와 앉는데, 한자리에 여러 마리가 앉아 있을 때도 많다. 아무르, 우수리, 중국 동북부에 분포하고, 국내에는 강원도 산지에 분포한다. 먹이식물은 벼과의 '왕바랭이'이다.

서식지	산지, 평지, 풀밭
개체수	드묾
날 개	31-35㎜(편 길이)
월동태	애벌레
출현기	7-8월(연 1회)

♂ ◒

♀ ◓

꽃팔랑나비

Hesperia florinda (Butler)
アカセセリ

꽃에 앉으면 곱게 생겨서 또 하나의 꽃을 연상시킨다. 유리창떠들썩팔랑나비로 오인하는 경우가 많은데, 서로 비교하면 발생하는 시기가 다르고, 수컷의 성표 모습도 다르다. 또 유리창떠들썩팔랑나비에 있는 '유리창' 같은 막질이 이 종에서는 없다. 유라시아 추운 지역과 아메리카 북부에 분포하고, 국내에는 지리산 이북 산지에 분포하는데, 강원도 영월과 양구 지역에 가면 볼 수 있다. 먹이식물은 벼과의 여러 식물이다.

서식지 산지, 풀밭
개체수 드묾
날 개 29-33㎜(편 길이)
월동태 알
출현기 7월말-8월(연 1회)

짝짓기

♀

황알락팔랑나비

Potanthus flavuum (Murray)
キマダラセセリ

날개의 황갈색과 검은색이 크게 대비되어 '알락'이라는 이름이 걸맞다. 산길에 핀 큰까치수영, 개망초, 갈퀴나물의 꽃에 잘 모이며 그 주위를 빠르게 날아다닌다. 수컷은 앞날개를 반쯤 펴서 잎 위에 앉아 있는 경우가 많으며, 습지나 오물에도 날아와 즙을 빨아 먹는다. 아무르 남부, 중국, 일본, 인도 동북부, 타이 북부, 라오스 북부, 베트남 북부에 넓게 분포하고 국내에는 전국에 분포한다. 먹이식물은 벼과의 '기름새'이다.

서식지	산지, 평지, 풀밭
개체수	흔함
날 개	26-30㎜(편 길이)
월동태	애벌레
출현기	6월 중순-8월(연 1, 2회)

♂ ◒

제주꼬마팔랑나비

Pelopidas mathias (Fabricius)
チャバネセセリ

해안의 풀밭이나 낮은 산지의 길 주변에서 쑥부쟁이와 만수국의 꽃에 모여 꿀을 빨고, 수컷은 오전 중에 일광욕을 하거나 텃세행동을 하고, 새똥과 축축한 습지를 잘 찾아온다. 아주 빠르게 날기 때문에 천천히 다가가야 자세히 볼 수 있다. 아프리카 사하라사막 북부, 마다가스카르, 동남아 일대, 중국 위도 40도 이남 지역, 타이완, 필리핀, 일본까지 넓게 분포하고 국내에는 제주도를 포함한 남해안 일대에 분포한다. 먹이식물은 벼과의 '강아지풀'이다.

서식지 산지, 평지, 풀밭
개체수 흔함
날 개 26-30㎜(편 길이)
월동태 애벌레
출현기 5월초-11월 중순 (연 3회)

♀ ◓

♂ ◓

♀ ◓

흰줄점팔랑나비

Pelopidas sinensis (Mabile)
タイワンチャバネセセリ

2007년부터 우리나라에 이입된 외래종으로, 2008년 강원도 일부 지역에서 많이 발생하였다. 이 종을 잘못 알고 일부 채집가들은 신종으로 보았다. 날씨가 맑은 아침에는 수컷이 길가 맨땅의 습지에 날아와 앉아 물을 빨아 먹거나 주변에 핀 나리꽃 등에 날아와 꿀을 빨아 먹는 모습을 볼 수 있다. 수컷의 앞날개에는 제주꼬마팔랑나비처럼 흰 줄의 성표가 있다. 인도차이나 반도, 중국 남서부, 타이완에 분포한다.

서식지	산지, 풀밭
개체수	드묾
날 개	**35-41㎜**(편 길이)
월동태	모름
출현기	**7-8월**(연 **1**회)

산줄점팔랑나비

Pelopidas jansonis (Butler)
ミヤマチャバネセセリ

날개는 흑갈색 바탕에 흰 점무늬가 말발굽 모양으로 나타난다. 암컷은 흰 점무늬가 더 크다. 산지의 풀밭에서 빠르게 날면서 엉겅퀴, 철쭉 등의 꽃에서 꿀을 빤다. 수컷은 텃세행동이 매우 심해 날아다닐 때에는 눈에 잘 띄지 않을 정도이다. 애벌레는 먹이식물을 담배처럼 말아 실로 묶고 그 속에서 지낸다. 중국 동부와 일본에 분포하고 국내에는 함경도와 제주도를 뺀 전국에 분포한다. 먹이식물은 벼과의 '참억새', '큰기름새'이다.

서식지	산지, 풀밭
개체수	흔함
날 개	34-39㎜(편 길이)
월동태	번데기
출현기	4월말-8월(연 2회)

산팔랑나비

Polytremis zina (Evans)
トカリオオチャバネセセリ

산줄점팔랑나비와 닮았으나 날개 아랫면 흰 점무늬의 배열이 다르다. 즉, 지그재그로 배열한다. 풀밭에 핀 여러 꽃에 날아오는데, 산지보다는 오히려 평지 쪽에 많다. 수컷은 습지에 날아오거나 풀 위에 앉아 텃세행동을 강하게 한다. 암수 모두 꽃에 날아오는데, 이때 날개 아랫면만 보고 줄점팔랑나비로 잘못 아는 경우도 있다. 아무르, 중국에 분포하고, 국내에는 섬을 뺀 전국에 분포한다. 먹이식물은 벼과의 '강아지풀'이다.

서식지	산지, 풀밭
개체수	드묾
날 개	32-39㎜(편 길이)
월동태	애벌레
출현기	7-8월(연 1회)

줄점팔랑나비

Parnara guttata (Bremer & Grey)
イチモンジセセリ, Straight Swift

산줄점팔랑나비와 닮았으나 뒷날개 아랫면의 흰 점무늬의 배열이 다르다. 즉 일렬로 배열한다. 마을 주변의 논밭, 하천 주변에서 국화, 메밀, 고마리 등 여러 꽃에서 꿀을 빤다. 일반적으로 가을에 개체수가 많아지나 어떤 해에는 벼에 큰 해를 입히기도 한다. 아무르 남부, 중국, 일본, 인도, 파키스탄, 네팔, 부탄 등지에 분포하고, 국내에는 전국에 분포한다. 먹이식물은 벼과의 '벼', '강아지풀'이다.

♂ ◒

♀ ◒

서식지 **산지, 평지, 풀밭**
개체수 **매우 흔함**
날 개 **32-40㎜(편 길이)**
월동태 **애벌레**
출현기 **5월말-11월(연 2, 3회)**

경계색 공작나비는 날개에 눈 모양 무늬가 감춰져 있는데, 천적이 잡으려고 하면 이 무늬를 보이게 하여 천적을 놀라게 함으로써 자신을 보호하게 만든다. 이때의 색이나 무늬를 경계색이라고 한다. 각별히 붉은 색을 띠면 독이 있다는 암시로 큰주홍부전나비가 푸른 잎에 앉아 노출되어도 천적이 달려들지 않는 경우도 같다.

나비길 호랑나비과 일부 나비에서 수컷이 계곡이나 능선을 따라 일정한 길로 날아다니는 것을 볼 수 있는데, 이는 암컷을 빨리 탐색하기 위한 행동으로 보인다.

냄새뿔 호랑나비과 애벌레가 머리와 앞가슴 사이에서 나오는 짧고 길쭉한 뿔 모양 돌기를 말하는데, 길이는 물론 노란색, 귤색, 붉은색 등 종류마다 약간씩 다르다. 애벌레가 자극을 받으면 특유의 냄새와 함께 이 뿔이 뻗쳐 나온다.

대용 애벌레가 번데기가 될 때 실을 토해 배 끝을 고정하고 가슴 또는 배를 둘러쳐 물체에 고정하는 방식으로 네발나비과 이외에서 볼 수 있다. 이때 몸은 똑바로 서게 된다.

령 나비를 포함한 곤충의 애벌레는 자라기 위해서는 반드시 딱딱한 껍질을 벗어야만 한다. 알에서 부화하면 1령 애벌레, 이후 껍질을 벗을 때마다 마치 나이를 먹는 것처럼 2령, 3령, 4령, 5령이라고 부른다. 번데기가 되기 직전의 애벌레를 특히 종령(4령 또는 5령) 애벌레라고 부른다.

미접 우리나라에 살지 않고 외국에서 바람이나 선박 등을 통해 유입된 나비를 말한다. 한여름 태풍 뒤에 일본 남부와 동남아 지역에서 날아오거나 봄과 가을에 계절풍을 따라 중국에서 날아온다. 만약 미접이 일시적으로 우리나라에서 한살이 과정을 거쳐서 제1, 2대 자손이 나온다면 이를 우산접偶産蝶이라고 할 수 있다.

발향인 큰줄흰나비처럼 수컷이 특별히 향기를 내어 암컷을 유인하는 일이 있는데, 이는 날개에 특별히 생긴 비늘가루 때문이다. 이 비늘가루를 발향인이라고 한다.

성표 암수 차이가 뚜렷한 나비의

경우 한쪽 성에서만 특별히 보이는 특징을 말하는데, 산제비나비의 경우는 수컷 날개에서만 비로드 털이 있다.

수용 대용과 달리 애벌레가 번데기가 될 때 실을 토해 배 끝만 고정해 머리를 아래로 늘어뜨려 거꾸로 매달리는 방식으로 네발나비과에서 볼 수 있다.

숲나비 숲에서 살며, 숲 위나 숲 속, 숲 가장자리가 삶의 터가 되는 나비를 말한다. 이 나비들은 주로 먹이식물이 목본식물인 경우가 많다.

앞번데기 다 자란 애벌레가 번데기가 되려고 할 때, 몸이 움직이지 않는 상태를 말한다. 이때는 몸속의 불필요한 물질을 배설한 상태로, 실로 몸을 고정한 후이다.

의태 나비가 자신을 보호하기 위해 사물이나 독이 있는 종류와 닮아 보이는 현상으로 천적을 피하는데 적절하다.

텃세행동 네발나비과와 부전나비과, 팔랑나비과 중에는 수컷이 한 장소를 차지하고 있다가 다른 수컷을 쫓아내는 행동을 말한다. 빛이 잘 들고 확 트인 장소의 나뭇잎이나 돌출된 바위 위를 좋아하는데, 종마다 위치, 높이, 집착도 등이 다르다.

짝짓기 거부행동 짝짓기를 끝냈거나 미성숙한 암컷이 짝짓기를 하려고 달라붙는 수컷에 대해 거부하는 행동으로, 흰나비과의 암컷인 경우 날개를 펴고 배를 추켜올리는 행동을 하게 된다. 이것은 필요없는 에너지를 낭비하지 않으려는 고도의 전략으로 풀이된다.

짝짓기주머니 호랑나비과 중에서 모시나비아과의 종들은 짝짓기를 할 때, 수컷이 분비물을 내어 암컷 배 끝에 붙여 굳게 한 것을 말한다. 이것 때문에 한번 짝짓기 한 암컷은 더 이상 짝짓기를 할 수 없게 되는데, 이는 수컷이 자신의 유전자를 지키려는 행동으로 풀이된다. 짝짓기주머니의 생김새는 종마다 다르다.

풀밭 나비 풀밭에서 많이 보이며, 풀밭에 핀 꽃이나 먹이식물을 찾아다니는 나비를 말한다.

사

아

자

차

카

파

하